鲁棒性特征匹配与粗差剔除

李加元　胡庆武　艾明耀　著

科学出版社

北　京

内 容 简 介

　　本书是一部全面论述影像特征匹配技术的学术专著。首先，从应用及理论的角度阐述影像匹配技术的研究意义与研究难点，并详细介绍鲁棒性影像特征匹配算法框架及相关研究工作。通过总结得出该技术所面临的大辐射畸变、大几何畸变与大粗差比例三大瓶颈问题。针对这些问题，分别提出基于最大值索引图的辐射不变特征匹配方法、基于支持线投票与仿射不变比率的抗几何畸变影像匹配方法及基于 l_q 估计子的粗差探测模型。解决特征匹配复杂组合优化特性、粗差扰动、大几何与大辐射畸变等难点，构建统一普适的特征匹配理论框架，促进以匹配算法为核心的多种应用研究的开展，包括空三测量、三维重建、虚拟现实等。

　　本书可供从事摄影测量与遥感、计算机视觉、虚拟现实、视觉导航及自动驾驶等研究方向的研究人员使用。

图书在版编目（CIP）数据

鲁棒性特征匹配与粗差剔除/李加元，胡庆武，艾明耀著. —北京：科学出版社，2020.11

　ISBN 978-7-03-066501-0

Ⅰ.① 鲁⋯　Ⅱ.① 李⋯　② 胡⋯　③ 艾⋯　Ⅲ.① 鲁棒控制-图像处理
Ⅳ.① TP273

　中国版本图书馆 CIP 数据核字（2020）第 205269 号

责任编辑：杨光华/责任校对：高　嵘
责任印制：彭　超/封面设计：苏　波

科学出版社 出版

北京东黄城根北街 16 号
邮政编码：100717
http://www.sciencep.com

武汉中科兴业印务有限公司印刷
科学出版社发行　各地新华书店经销
*
开本：B5（720×1000）
2020 年 11 月第 一 版　　印张：13 3/4
2020 年 11 月第一次印刷　　字数：278 000
定价：**168.00 元**
（如有印装质量问题，我社负责调换）

前　　言

影像特征匹配是摄影测量与遥感领域一个基础且至关重要的问题，其目标是从两张或者多张具有重叠区域的影像中提取可靠的同名特征。影像匹配技术不仅在摄影测量与遥感中具有十分重要的应用，还广泛应用于计算机视觉、人工智能、机器人视觉、医学图像分析等领域，一直是各领域的热点研究问题。然而，影像匹配尤其是遥感影像匹配仍然存在许多难点问题。大几何与大辐射畸变会导致经典匹配算法性能大幅降低，难以满足日新月异的实际应用需求。因此，研究更加有效、普适、鲁棒的影像匹配算法具有十分重要的应用价值与理论意义。

分析传统影像特征匹配方法可知，要实现普适的鲁棒性影像匹配，需解决三个难点问题：①特征匹配方法对各种几何与辐射差异的抗性问题；②更加高效鲁棒的匹配点粗差剔除模型构建问题；③非刚性形变或者大几何畸变影像匹配问题。本书正是从这三个难点出发，提出针对各个问题的新算法，大量的实验结果验证了本书各种方法的有效性与鲁棒性。本书主要研究内容如下。

（1）针对传统特征匹配算法如尺度不变特征变换（SIFT）算法对非线性辐射差异十分敏感的问题，深入研究辐射不变特征匹配方法。传统经典方法通常利用灰度信息或者梯度信息来进行特征的检测与描述，而无论灰度信息还是梯度信息，都对非线性辐射差异较为敏感。因而，所提方法利用相位一致性图层替代灰度图像进行特征检测；同时，采用 Log-Gabor 卷积序列的最大值索引图替代梯度图描述特征。所提方法不仅极大地提升了特征点检测的稳定性，还克服了梯度信息对非线性辐射差异敏感的局限性。大量实验结果表明：所提方法性能不仅远远优于经典特征匹配方法，而且比目前效果最好的多模态影像匹配方法更加鲁棒与灵活。

（2）针对大几何畸变的影像匹配问题，提出一种无全局空间变换依赖的局部仿射不变特征匹配方法。该方法主要包含 4 个方面的创新：①引入支持线投票策略将点匹配问题转化为线匹配问题，增加匹配约束；②构建基于自适应直方图的支持线描述子，用于支持线的可靠性匹配，该描述子对局部几何畸变具有较好的鲁棒性；③引入仿射不变比率作为局部几何约束来进一步提纯匹配点集，并利用局部仿射变换对匹配点集进行扩展，寻找尽可能多的潜在高精度匹配点对；④建立影像对之间的格网仿射变换模型，并应用于近景影像或者带畸变影像的配准问题，能够有效减轻重影现象。所提方法同时适用于刚性与非刚性形变影像的匹配问题，在空中全景测量与倾斜摄影测量中具有较大应用价值。

（3）引入 l_q（$0<q<1$）估计子来构建更加鲁棒的匹配点粗差剔除模型。为了

有效优化该非凸非平滑函数，通过扩展拉格朗日函数进行方程改写并采用交替方向乘法子（ADMM）对问题进行简化分解。本书还给出一种非随机采样方法来提升算法运行效率。实验结果表明：l_q（$0<q<1$）估计子能够可靠地处理高达 80%的粗差点，其运行效率大大高于随机采样一致性（RANSAC）方法。

（4）针对 l_q（$0<q<1$）估计子对参数敏感的问题，采用带尺度因子的 Geman-McClure 权函数对其进行改进，提出加权 l_q（$0<q<1$）估计子。该方法采用由粗到精的迭代加权最小二乘（IRLS）策略，大大减小其收敛于局部最优解的可能性。实验结果显示：Geman-McClure 加权 l_q 估计子对参数变化非常稳定，并且对粗差比例更加鲁棒，可以稳定地处理多达 90%的粗差点，极大地增加了该方法的实用价值。此外，本书还将该加权 l_q 估计子推广到相机外定向（后方交会）和绝对定向中。

（5）研究无人机影像稳健几何处理方法，提出一种稳健便捷的摄影测量处理流程，包括航带管理、并行内定向、像控点预测、均衡化匹配算法等，并采用多视匹配方法生成数字表面模型和数字正射影像。实验表明，该方法能够稳健地对不同类型的低空无人机平台影像进行摄影测量，其精度满足测图规范要求。

（6）给出本书所提方法的一些应用实例，并利用这些实例来验证本书方法的正确性与实用性。主要包括：①光学影像与点云深度图匹配进行纹理映射，光学影像与手绘图匹配进行地图上色；②将支持线投票与仿射不变比率方法应用于城区倾斜影像，进行倾斜影像的稀疏三维重建，将所提格网仿射变换模型应用于近景影像或带畸变影像的配准任务中；③将加权 l_q 估计子与同步定位和建图（SLAM）技术相结合，进行室内环境精细建模，利用加权 l_q 估计子进行三维点云配准。

本书的研究成果获得了国家自然科学基金青年项目"无空间变换依赖的大几何畸变影像特征匹配模型研究"（41901398）和"基于匹配点分布模型的低空无人机影像可靠匹配方法研究"（41701528）、湖北省自然科学基金项目"局部仿射不变影像特征匹配算法研究"（2019CFB167）、国家重点研发计划"激光雷达多期点云匹配和单木变化检测技术"（2017YFD0600904）等科研项目的资助，作者对以上各方面的支持表示由衷的感谢！

本书由李加元总体负责，第 1～2 章由胡庆武撰写，第 3～5 章和第 7 章由李加元撰写，第 6 章由艾明耀撰写。

由于作者水平有限，书中难免存在不足与疏漏之处，敬请批评指正！

作　者

2020 年 5 月 20 日

目　　录

第1章　绪论 ·· 1

　1.1　概述 ··· 1

　　1.1.1　影像匹配的应用 ··· 1

　　1.1.2　影像匹配研究的理论意义 ·· 2

　1.2　影像匹配技术的研究现状 ··· 5

　　1.2.1　区域匹配方法 ··· 5

　　1.2.2　特征匹配方法 ··· 8

　1.3　影像匹配技术的发展趋势 ··· 13

　1.4　本书研究内容和章节安排 ··· 15

　　1.4.1　研究内容 ·· 15

　　1.4.2　章节安排 ·· 15

第2章　鲁棒性特征匹配框架与研究基础 ·· 17

　2.1　鲁棒性特征匹配算法框架 ··· 17

　2.2　特征点检测算子 ··· 19

　　2.2.1　单尺度检测算子 ··· 20

　　2.2.2　多尺度检测算子 ··· 24

　　2.2.3　仿射不变检测算子 ·· 28

　2.3　特征点描述符 ··· 31

　　2.3.1　SIFT 描述符 ··· 32

　　2.3.2　GLOH 描述符 ·· 34

　　2.3.3　SURF 描述符 ··· 34

　　2.3.4　AB-SIFT 描述符 ·· 36

　2.4　匹配点粗差剔除 ··· 37

　　2.4.1　RANSAC 类方法 ··· 38

　　2.4.2　鲁棒估计方法 ·· 39

　　2.4.3　非几何模型方法 ··· 42

　2.5　本章小结 ··· 43

第 3 章　基于最大值索引图的辐射不变特征匹配 ·········· 45

3.1　相位与相位一致性 ··· 45

　3.1.1　相位的重要性 ·· 46

　3.1.2　相位一致性 PC_1 ·· 47

　3.1.3　基于小波的相位一致性 PC_2 ··························· 49

3.2　基于最大值索引图的特征匹配 ······························· 52

　3.2.1　相关方法回顾 ·· 52

　3.2.2　基于相位一致性的影像特征检测 ························ 54

　3.2.3　最大值索引图描述符构建 ······························ 56

3.3　实验结果 ·· 64

　3.3.1　实验数据集 ·· 64

　3.3.2　参数学习 ·· 67

　3.3.3　旋转不变性测试 ·· 68

　3.3.4　匹配性能测试 ·· 70

3.4　算法缺陷 ·· 79

3.5　本章小结 ·· 79

第 4 章　抗几何畸变的影像特征匹配方法 ···················· 81

4.1　支持线投票策略 ·· 82

　4.1.1　支持线投票定义 ·· 82

　4.1.2　支持线描述符 AB-SLT ···································· 83

4.2　仿射不变比率与归一化重心坐标系 ··························· 86

　4.2.1　仿射不变比率 ·· 86

　4.2.2　归一化重心坐标系 ·· 87

4.3　匹配点扩展与格网仿射变换模型 ····························· 89

　4.3.1　匹配精化与扩展 ·· 89

　4.3.2　格网仿射变换模型 ·· 91

4.4　实验结果 ·· 92

　4.4.1　实验数据集 ·· 93

　4.4.2　参数学习 ·· 95

　4.4.3　刚性形变影像匹配实验 ···································· 98

　4.4.4　非刚性形变影像匹配实验 ································· 109

　　4.4.5　格网仿射变换模型配准实验 ·· 112

　4.5　本章小结 ··· 114

第5章　l_q 估计子粗差探测模型 ·· 115

　5.1　l_0、l_1、l_2 与 l_q-范数 ·· 115

　5.2　基于 l_q 估计子的匹配点粗差探测模型 ··· 117

　　5.2.1　问题建模 ··· 117

　　5.2.2　实现细节 ··· 120

　　5.2.3　实验结果 ··· 121

　5.3　加权 l_q 估计子 ·· 129

　　5.3.1　基于加权 l_q 估计子粗差探测模型 ·· 129

　　5.3.2　加权 l_q 估计子具体应用公式推导 ·· 132

　　5.3.3　实验结果 ··· 135

　5.4　本章小结 ··· 145

第6章　无人机影像稳健几何处理方法 ·· 146

　6.1　无人机影像几何处理相关研究 ··· 147

　6.2　无人机影像处理策略与数据获取 ··· 149

　　6.2.1　处理策略 ··· 149

　　6.2.2　实验数据1-杨桥店测区 ··· 149

　　6.2.3　实验数据2-平顶山测区 ··· 151

　6.3　无人机影像摄影测量处理 ··· 153

　　6.3.1　航带管理 ··· 153

　　6.3.2　基于并行计算的畸变校正 ·· 154

　　6.3.3　均衡化影像匹配方法 ·· 155

　　6.3.4　控制点预测方法 ·· 159

　　6.3.5　光束法平差 ·· 160

　　6.3.6　密集匹配与DSM、DOM生成 ·· 160

　　6.3.7　三维可视化 ·· 161

　6.4　实验结果与讨论 ·· 161

　　6.4.1　均衡化影像匹配实验 ·· 161

　　6.4.2　光束法平差实验 ·· 166

　　　6.4.3 三维可视化 ·· 173
　6.5 本章小结 ·· 174

第7章 鲁棒性特征匹配应用实例 ······················ 175
　7.1 多模态特征匹配应用实例 ······························ 175
　　　7.1.1 三维点云纹理映射 ································ 175
　　　7.1.2 手绘图上色 ·· 177
　7.2 抗几何畸变特征匹配应用实例 ·························· 180
　　　7.2.1 影像三维重建 ······································ 180
　　　7.2.2 近景影像拼接 ······································ 183
　7.3 加权 l_q 估计子应用实例 ······························· 189
　　　7.3.1 RGBD 室内三维重建 ······························ 189
　　　7.3.2 点云拼接 ·· 193
　7.4 本章小结 ·· 196

第8章 总结与展望 ·································· 197
　8.1 本书总结 ·· 198
　8.2 研究展望 ·· 199

参考文献 ·· 200

第1章 绪 论

1.1 概 述

随着传感器与计算性能的提升，遥感技术发展迅速，已经进入高空间、高时相与高光谱分辨率的全新阶段（宋伟东 等，2011）。尤其在近年来的各项重大灾害应急中，遥感技术凭借其灵活、多种类等优势，能在第一时间获取灾区高分辨率遥感影像和地形图，为救灾抢险、设施建设、城市规划等各方面提供有力支撑（李德仁 等，2014；周学珍，2013；王桥 等，2010）。其中，基于遥感影像的精确空中三角测量、城市三维建模、目标变化检测及信息互补融合等，是测绘勘测、地理信息系统（geographic information system，GIS）数据库更新、智慧城市、地理国情监测、重大灾害应急等行业应用的关键支撑技术。而稳定可靠的影像匹配方法正是这些关键技术的前提与保障，具有重要意义（李德仁，2000）。

1.1.1 影像匹配的应用

影像匹配是指从不同时间、不同传感器或不同视角所获取的相同场景影像集中检测可靠同名关系的过程（Szeliski，2010；张剑清 等，2009）。该技术广泛应用于摄影测量与遥感、计算机视觉、人工智能、机器人视觉及医学图像分析等领域。根据影像获取方式的不同，通常可以将其应用分为 4 大类别（Zitova et al.，2003）。

（1）多视角影像的应用。即从不同视角处获取的相同场景的多幅影像中匹配得到同名关系，并将其用于构建该场景的大视角全景影像或者恢复被摄场景的三维结构。由共线条件可知，同一视角影像无法恢复场景的深度信息，而多幅不同视角影像可以通过交会恢复出被摄场景的真实三维结构，这是多视角影像应用的原理基础。应用实例：摄影测量中的空中三角测量，遥感影像全景拼接，计算机视觉中的运动结构恢复与三维重建。

（2）多时相影像的应用。目的是对不同时刻所采集的相同场景的多幅影像进行匹配，来监测场景的变化或者用于目标的跟踪。应用实例：遥感影像变化监测，例如土地利用变化、违章建筑监测及灾害监测；计算机视觉中的图像运动跟踪及同时定位与建图（simultaneous localization and mapping，SLAM）；医学图像处理中的肿瘤监控。

（3）多传感器影像的应用。利用影像匹配技术将不同传感器所获取的相同目标的多幅影像进行对齐，通过信息融合实现各个传感器的优势互补，最终达到对场景更为精确可靠的描述。不同传感器的成像原理存在较大差异，造成所采集的影像对相同地物的表达也不同。不同传感器影像往往反映了该地物的不同类别属性，通过多源影像融合能够达到信息的最大化，获取对所摄场景更加全面的表述。应用实例：在遥感领域中，利用全色与多光谱融合来获取同时具备高空间与高光谱分辨率的影像；此外，融合光学遥感影像与红外影像、光学遥感影像与激光点云深度图、光学遥感影像与合成孔径雷达（synthetic aperture radar，SAR）影像可以实现信息互补来服务特定的应用任务。在医学图像处理领域，磁共振成像（magnetic resonance imaging，MRI）的结构信息能够与正电子发射断层图像（positron emission tomography，PET）或者电子计算机断层扫描图像（computed tomography，CT）等的功能信息相结合来凸显感兴趣部分或者病灶。

（4）模板与场景匹配的应用。通过将模板图像与所摄场景影像进行匹配，来定位、识别或者比较该场景影像。模板图像也可以是模型，比如摄影测量中的数字高程模型（digital elevation model，DEM）。应用实例：摄影测量与遥感中的卫星或航空影像与地图或 GIS 图层的匹配；机器视觉中的模板匹配、场景识别；医学图像处理中的图像与模型比对，标本分类与识别。

影像匹配的广泛应用必然说明了该技术的重要性与关键性，尽管该技术在过去几十年间得到了长足的发展，然而，由于应用的特定性及影像数据的多样性，想要利用一种影像匹配方法来胜任所有的应用任务是不切实际的。因此，研究更加鲁棒、更加普适的影像匹配算法具有重大的实际价值。

1.1.2　影像匹配研究的理论意义

影像匹配技术除应用的多样性价值外，还具有进一步的理论研究价值。影像匹配尤其是遥感影像匹配仍然存在许多难点问题亟待解决。例如，大几何与大辐射畸变会造成经典匹配算法性能大幅降低，使其难以满足某些特定的实际应用需求。经典影像匹配算法存在以下三个方面的关键问题。

（1）大辐射差异。辐射畸变是指在传感器成像过程中，所接收的地物光谱辐射率与真实光谱辐射率不一样的现象（孙家柄，2009）。造成辐射畸变的因素是多种多样的，主要可以概括为两个方面的因素。①传感器本身的成像误差。这类误差可以看作系统误差，同一传感器所采集的影像往往具有相同的系统误差，因而对经典影像匹配算法影响较小。然而，随着传感器的多元化及应用的多样性，往往需要融合不同传感器的优势信息，最终达到对场景更为精确可靠的描述。不同传感器的成像机理可能差异性较大，所采集的影像对相同地物的表达也各不相同（尤淑撑 等，2005），这就造成了影像匹配对之间的大辐射差异现象。对于线性变化的辐射差异，经典特征匹配方法尚能处理，而对于非线性的辐射差异，这些方法基本无法处理。通常，这些具有较大非线性辐射差异性的影像被称为多模态影像。传统经典特征匹配方法通常利用灰度信息或者梯度信息进行特征检测与特征描述。然而，无论灰度信息还是梯度信息，都对非线性辐射差异非常敏感，可以说，处理多模态影像匹配问题是特征匹配方法的一个瓶颈问题，目前还没有任何影像匹配方法能在不需要几何地理信息的前提下同时适用于光学影像与光学影像、光学影像与红外影像、光学影像与 SAR 影像、光学影像与激光点云深度图、光学影像与夜光影像及光学影像与地图数据的匹配。②大气造成的辐射传输误差。在地物电磁波传输过程中，地物的光谱辐射率可能会受到大气作用、太阳高度角与光照条件等的影响而产生畸变（孙家柄，2009）。这种差异性在多时相遥感影像中尤为突出，经常出现同谱异物或者同物异谱现象，这些差异会降低同名点之间的相关性，往往会造成匹配困难，而多时相遥感影像数据在目标区域检测、灾害评估、违章建筑检测、土地资源变化监测等应用中具有重要作用。综上所述，研究抗大辐射差异的影像匹配方法势在必行。

（2）大几何畸变。几何畸变是指在成像过程中，像元位置相对于地物实际位置由于各种因素而发生了偏移、缩放及扭曲等变形，致使地物在影像上的成像几何位置、形状及尺寸等发生改变（张剑清 等，2009）。几何畸变的成因可以归纳为三大类。①传感器工艺误差或者投影畸变。传感器由于制作工艺的制约，可能造成相机焦距改变、镜头径向及切向畸变、像主点偏移等问题。这些问题使得在执行影像匹配步骤前，必须对相机进行几何标定，利用标定参数对影像做几何校正。由于几何标定是航空或者航天摄影测量不可或缺的关键步骤，这类畸变对传统摄影测量作业影响甚微。除传统的中心投影成像方式外，还有斜距投影、球面投影、多中心投影等投影方式，每种投影方式都会引入不同类型的几何畸变。例如，鱼眼及全景影像的普及，就对传统的影像匹配技术带来了新的挑战。与传统相机的针孔成像模型不同，鱼眼或者全景相机通常为球面成像模型，这种成像特点决定了鱼眼及全景影像存在巨大的几何畸变。这种畸变也可以利用几何标定参数进行校正，但是，校正影像存在两个方面的问题。首先，校正后影像会失去大视场角的优点，即失去了使用鱼眼或者全景相机的必要；其次，校正后影像不同像元处的地面采样间隔（ground sampling distance，GSD）不一致。②外部因素引起的几何误差。首先，飞行载体姿态大幅度变化可以造成影像间的旋转、平移、缩放及扭曲等几何畸变。这种几何畸变在低空无人机遥感作业中尤为凸显。低成本消费级无人机等飞行器因其灵活、便宜、快速及高分辨率（优于 0.05 m）等优点受到了广大科研与生产单位的青睐，然而，轻小型消费级飞行器极其不稳定，易受风力影响，飞行航线易弯曲、易转折，造成影像重叠度极度不规则、影像间存在大旋转、大视角变化及地物遮挡现象。其次，对于卫星等高空遥感影像，地球自转和地球曲率都会引起地物一定程度的几何变形。最后，在遥感传感器成像过程中，光线在大气层中传输会发生折射现象，致使光的传播方向及路径发生变化，进而产生几何畸变。③地物自身引起的误差。几何畸变与地形有关，尤其在地形起伏较大区域，由高程或者深度起伏带来的像点位移误差及遮挡问题不可忽视。此外，如果被摄物体本身是运动的、不断变化的，比如说瀑布、风中摇曳的树叶等，与静止不动的刚性地物不同，这类物体是非刚性的，自身就会引起非刚性形变问题。这些非刚性形变不仅给影像匹配带来困难，而且给后续粗差剔除带来巨大的挑战。总而言之，研究抗大几何畸变的影像匹配方法是十分有必要的。

（3）粗差剔除。影像匹配的理想情况是影像数据为"可以精确配准的"，该术语可以解释为：同名点对的局部影像块具有完全一致的辐射及几何特性，即影像对之间不存在任何的辐射畸变和几何畸变。由上述总结分析可知，由于影像时相不同、视角差异、采集设备不同及地形起伏等多种因素的影响，这种理想情况在实际条件下是不可能达到的。影像间的辐射差异和几何畸变往往会给影像匹配带来两个方面的问题。①会造成同名点对之间存在位置误差，即噪声，使得在进行匹配点集间的几何模型估计中，不仅要拟合匹配点数据，还要对噪声进行建模，以防止过拟合现象。这将增大模型估计的难度，增加局部极值出现的概率，从而导致错误解的发生。②会导致匹配点集中包含有错误匹配点，即粗差点。这些粗差点将严重影响后续的几何模型估计及影像位置与姿态解算等的精度。因而，粗差探测技术是可靠稳健匹配的一个关键性问题。在摄影测量与遥感领域，通常采用选权迭代法来进行粗差的探测与剔除（袁修孝 等，2005），但是选权迭代法存在两个方面的缺陷：①选权迭代法中合适的权函数难以选择，不同权函数可能导致差别较大的结果；②选权迭代法在理论上只能处理不高于 50%的粗差点，也就是说，当匹配点中粗差比例大于 50%时，选权迭代法基本失效（Chin et al.，2017）。在计算机视觉领域，通常采用随机采样一致性（RANdom sample consensus，RANSAC）（Fischler et al.，1981）这类假设检验技术对模型进行鲁棒性估计来达到粗差探测的目的。RANSAC 方法也存在两个方面的不足：①RANSAC 方法仅用最小集来估计模型参数，并非所有数据参与模型计算，因而 RANSAC 方法可能对噪声比较敏感，容易收敛到局部极值解；②RANSAC 方法对观测值粗差比例较为敏感，多项研究显示当观测值粗差比例较高时，比如 70%以上，RANSAC 方法可能失败（Li et al.，2010）。此外，这两种粗差探测与剔除方法都基于模型估计，即需要影像对之间的几何关系能够被某一几何模型所描述，用于影像匹配的几何模型通常包括相似变换、仿射变换、投影变换、单应变换及核线约束等。因而，选权迭代法和 RANSAC 方法基本只适合刚性形变影像的粗差剔除问题，对于存在非刚性形变的影像，这些方法无法适用。在非刚性形变的匹配算法中，参数的数量通常随着匹配点的数目而增长，大大增加了问题求解的难度及算法的时间与空间复杂度。因而，研究更加稳健的具有抗粗差抗噪声的影像匹配技术十分重要。

综上所述，鲁棒性影像匹配技术的研究具有广泛的应用价值和理论意义。

1.2　影像匹配技术的研究现状

影像匹配是摄影测量与遥感产品自动化生产中至关重要的一步，其结果直接影响影像拼接、光束法平差、三维重建等的效果。过去几十年间，影像匹配技术得到了长足的发展，学者们提出了大量的自动化匹配方法。在国际 SCI 数据库（ISI Web of Science，https://clarivate.com/webofsciencegroup/solutions/web-of-science/）上进行检索统计，发现从 2000 年到目前为止的近二十年间，已经发表了 8000 多篇以影像匹配或者影像拼接为主题的 SCI 检索论文；在国内知网数据库上进行检索统计，同一时间段内，国内学者们发表了多于 17000 篇以影像匹配或者影像拼接为主题的期刊文章。说明影像匹配技术一直是国内外各个领域的热点研究问题，也足以看出其重要性及难度。Dawn 等（2010）和 Zitova 等（2003）对经典的影像匹配方法做了非常系统的总结与分类。分类标准不同，则分类的方式也不同，常见分类方法包括根据不同应用场景、计算量大小、影像形变程度与类型、数据维度及算法中心思想进行划分。其中，按照不同算法的中心思想来进行划分是目前最被接受的划分方式。在这种分类标准下，影像匹配方法可以分为两大类别：区域匹配方法和特征匹配方法。

1.2.1　区域匹配方法

区域匹配方法也被称为模板匹配方法（Fonseca et al.，1996）。该方法通过原始像素值与特定的相似性度量来寻找影像对间的匹配关系，通常采用预定义局部窗口或者全局影像来搜索匹配，不需要进行特征提取（Gruen，2012；Debella-Gilo et al.，2011；Althof et al.，1997；Pratt，1974）。

区域匹配方法利用模板窗口搜索的特性决定了该方法存在一大缺陷，即基于矩形窗口的模板匹配方法往往仅适用于影像对之间只包含有平移变化，对于包含有旋转变化的影像对，则需要选用圆形窗口来进行相关；但是，如果影像对之间同时包含旋转、尺度变化及几何畸变等复杂变化时，搜索窗口与待匹配窗口所对应的影像块不一致，那么会导致匹配失败。

区域匹配方法不需要进行特征检测的特点决定了该方法的另一个缺点，即用于匹配的窗口内影像块不具有显著性。搜索窗口所对应的影像块可能比较平滑，缺乏较为显著的地物特征。如果搜索窗口位于影像的弱纹理或者无纹理区域，那么该方法很可能得到错误的匹配结果。因此，应根据影像内容来进行窗口的选择，尽量选择包含有显著特征的部分作为搜索窗口内容。

基于区域的匹配方法大体又可以分为三类，包括相关法、傅里叶变换法及互信息法。

1. 相关法

相关法如互相关法（cross correlation，CC）及其变种方法（Mahmood et al.，2012；Pratt，1991）是区域匹配方法中比较有代表性的方法。其核心思想是通过滑动待匹配影像的窗口模板来比对其与参考影像的模板窗口内的像素相似性，寻找拥有最大相似性的窗口对作为正确的同名关系。这种矩形窗口的相关方法通常只能处理仅存在平移变化或者非常小旋转及尺度变化的影像对。因而学者们对其进行了推广，使其对更加复杂的几何形变具有较好的抗性，从而增加其实用性。比如，Hanaizumi 等（1993）利用假定的相似变换模型应用在窗口上，然后再进行相似性计算，从而对旋转具有较好的鲁棒性；Berthilsson（1998）采用相同的方式来实现仿射变换下的影像相关；Simper（1996）利用分而治之的思想将 CC 方法推广到适合于投影变换的影像上。但是，随着几何模型复杂度的增加，这些方法的计算复杂度也急剧地增大。

序列相似度探测方法（sequential similarity detection algorithm，SSDA）（Barnea et al.，1972）采用绝对值差和（sum of absolute differences，SAD）作为相似性度量来减少算法的计算复杂度。Wolberg 等（2000a）采用平方差和（sum of squared differences，SSD）来进行遥感影像拼接。这些方法较 CC 方法速度快，但是精度差。归一化互相关系数（normalization cross correlation，NCC）（Lewis，1995）减弱了光照、灰度变化对经典 CC 算法的影响，其对像素强度的线性变化具有较好的抗性。Debella-Gilo 等（2011）利用 NCC 取得了亚像素匹配精度。Heo 等（2011）对 NCC 进行扩展，提出了自适应 NCC 匹配度量并用于立体匹配中。Mahmood

等（2012）将部分消除技术应用于相关系数相关中来提高模板匹配的运行效率。Korman 等（2013）将 SAD 作为匹配度量，采用 branch-and-bound 方法搜索二维仿射变换下的近似模板匹配。尽管该方法实现了仿射变换下的影像相关，但是其时间与空间复杂度均非常高。

相关法通常直接基于像素灰度信息进行相似性计算，不包含任何的影像结构信息，因而对光照条件变化、像素灰度变化、影像变形等辐射与几何畸变较为敏感。但是，相关法非常容易通过硬件实现，对于实时应用具有较高价值，因而得到了大量的运用。

2. 傅里叶变换法

傅里叶变换法一般采用傅里叶函数在频率域对影像进行描述（Hurtós et al.，2015；Tong et al.，2015；Tzimiropoulos et al.，2010；Reddy et al.，1996；Castro et al.，1987；Bracewell，1986）。其中，最典型的方法，即相位相关法（phase correlation），利用傅里叶位移定理（Fourier shift theorem，FST）（Bracewell，1986）来配准仅存在平移变化的影像对。其基本思想是首先计算影像对之间的互功率谱，然后寻找互功率谱取得最大值所对应的位置，该位置坐标即为影像对之间的平移量。这个方法对非均匀光照条件及频域依赖性噪声较为鲁棒。同样，为了获取对复杂变换的抗性，学者们提出了许多改进方法。Castro 等（1987）对相位相关法进行了扩展，将相位相关法与傅里叶-梅林变换（Fourier-Mellin transform）（Reddy et al.，1996）相结合，使其能够处理带有旋转及尺度差异的影像对。Wolberg 等（2000b）又将对数极坐标变换与傅里叶-梅林变换相结合用于解决仿射变换问题。Foroosh 等（2002）在下采样影像上进行相位相关来达到亚像素配准精度。Wong 等（2008）将快速傅里叶变换（fast Fourier transformation，FFT）影像配准方法扩展至光学与激光点云深度图的配准中。Tzimiropoulos 等（2010）提出了一种基于 FFT 的尺度不变影像配准方法。该方法依赖于两次 FFT 相关：一次在对数极坐标域中估计尺度和旋转分量，另一次在空间域中恢复平移分量。与之相似，林卉等（2012）将影像幅度谱转换到对数极空间，并在新空间中利用相位相关来解决旋转和尺度问题。此外，该法还采用滤波及加窗策略来增大峰值，从而减少频谱混合现象来达到提升算法鲁棒性的目的。这些改进方法大大增加了相位相关法的实用性，然而，这些基于傅里叶变换的方法同样存在区域匹配方法的共同缺点，此外，如果影像对之间的频谱成分差异较大时，该类方法将变得非常不可靠。

3. 互信息法

由上述分析可知，多模态影像之间通常包含有较大的非线性辐射畸变，从而导致相关法及傅里叶变换法无法适用,造成多模态影像匹配非常困难。在信息理论中,互信息(mutual information,MI)(Oliveira et al.,2014;Viola et al.,1997)通常用来描述两个数据集或者事件之间的相关性度量。基于互信息的方法正是为了解决非线性辐射畸变这一问题而被提出的,该类方法非常适宜于不同传感器影像之间的配准任务,已经被广泛应用于医学及遥感领域的多源影像数据配准中。该方法计算复杂度较高,为了提速,常采用由粗到精的匹配策略,即金字塔方法。

互信息法最初由 Viola 等(1997)提出,并应用于 MRI 影像配准应用中,其采用梯度下降法来搜索最大互信息值。Thévenaz 等(1998,1996)采取分而治之的思想对其每一步骤进行改进。采用帕尔森窗口计算联合概率密度函数并使用非线性最小二乘方法进行优化求解。Ritter 等(1999)提出了一个新的最大互信息值搜索策略,该策略结合了模拟退火算法与分层搜索的思想。Studholme 等(1999)采用了一个比互信息更加鲁棒的度量标准,称之为归一化互信息,来进行人类大脑的 MRI-CT 和 MRI-PET 图像配准。该方法使用离散直方图技术来计算联合概率密度函数并采用多尺度爬山算法来进行最大归一化互信息的搜索。钟家强等(2006)将互信息与梯度信息相结合来作为多源遥感影像配准的相似性度量,该方法还引入多尺度分析技术来降低计算复杂度。Loeckx 等(2010)提出了条件互信息(conditional MI)度量,该度量将空间信息作为灰度信息的额外补充通道来构建三维联合直方图。Rivaz 等(2014a)提出了一种自相似性加权的基于图的 α-互信息(α-MI),并将其应用于非刚性影像配准任务。Liang 等(2014)结合互信息与遥感影像的空间信息提出了空间互信息度量标准(space MI,SMI),然后采用蚁群优化算法在两个相位上进行搜索。除上述 MI 变种外,还包括区域互信息(regional MI,RMI)(Studholme et al.,2006)、局部互信息(localized MI,LMI)(Klein et al.,2008)、空间编码互信息(spatially encoded MI,SEMI)(Zhuang et al.,2011)、上下文条件互信息(contextual conditioned MI,CCMI)(Rivaz et al.,2014b)、相关比率互信息(correlation ratio-based MI,CRMI)(Gong et al.,2017)等。

尽管基于互信息的方法在多源影像配准中取得较好的效果,但是该方法需要在整个搜索空间中搜索最大值,通常难以达到全局最优;并且,该类方法计算复杂度较高,难以用于实时应用中;最后,该方法也不适用于包含有复杂几何畸变的影像配准问题。

1.2.2 特征匹配方法

与区域匹配方法不同,特征匹配方法并不是直接基于影像像素信息来进行匹配,这类方法通常首先在影像中检测显著的结构特征,这些特征可以是点特征(角点、直线交点等）、线特征（直线、轮廓线等）、也可以是区域特征（建筑物、湖面等）。但是，这些特征必须是显著的、易检测的、稳定的。也就是说，如果在参考影像及待匹配影像上分别进行特征提取得到两个特征集合，不论影像几何畸变、辐射变化、噪声等有何影响，该两个特征集合中始终需要有足够多的相同元素来进行后续的匹配。

尽管特征提取步骤的增加会带来额外的计算代价，但是相比于原始的影像像素信息，特征能够更好地表述影像中的结构信息，从而减小像素灰度对传感器噪声、场景噪声的敏感性，特征匹配方法通常比区域匹配方法更加稳健，对尺度、光照、视角、大旋转及噪声等变化更加鲁棒。此外，特征是一个更加精简的表达，不需要全部像素参与计算，相比于相关法及互信息法，能够大大减少计算时间成本。由于这种特性，特征匹配方法通常被应用于局部结构特征突出的影像匹配问题中，比如遥感影像匹配。遥感影像通常包含有丰富的纹理及结构特征，比如建筑物、森林、河流、道路、农作物等。而对于医学图像，纹理及结构特征并不丰富，这时采用区域匹配方法可能更优。总的来说，当影像结构细节不丰富，并且影像间几何畸变较小时，颜色或者灰度能够更好地表征显著信息，选用区域匹配方法，因为对于纹理贫乏区域，局部形状或者结构特征难以提取，特征匹配方法将失效；当影像中包含足够的结构特征时，优先选择特征匹配方法，因为特征匹配方法具有更好的几何畸变抗性。

根据特征类型的不同，大致可以将特征匹配方法分为三类：点特征匹配方法、线特征匹配方法和区域特征匹配方法（Zitova et al.，2003）。

1. 点特征匹配方法

点特征是所有特征中最为简单直观且应用最多的特征，也是其他复杂特征的基础。早期的点特征匹配方法一般首先计算影像中的角点特征，然后利用最小二乘方法来进行匹配，其中，最常采用的相似性准则为相关系数，其本质是搜索具有最大信噪比的点作为其同名特征点。可以看出，早期的点特征匹配方法与区域匹配方法在匹配策略上具有一定的相似性。

早期的点特征通常被定义为直线交点、封闭区域中心点等，而角点对影像几何畸变具有更好的抗性并且容易被人类感知，得到了广泛的应用。然而，角点在数学上难以定义，最初被直观理解为区域轮廓的曲率极值点。因而，学者们对角点检测进行了大量的工作，Hassaballah 等（2016）对角点检测算法进行了系统总结。Moravec 检测算子（Moravec，1977）通过滑动窗口来计算每个像素 8 个方向的灰度方差，选取方差最小的作为兴趣值，并选取局部区域极大值作为角点。该检测算子计算速度较快，但存在方向各异性、噪声敏感等缺点。Kitchen 等（1982）

提出了一种基于二阶偏导数的影像角点检测算法。影像的二阶偏导数往往对噪声非常敏感，因而，Förstner 等（1987）仅采用影像的一阶导数来进行特征检测，该方法更加鲁棒同时也更加耗时。Harris 检测算子（Harris et al.，1988）采用对称自相关矩阵来进行角点检测，其根据自相关矩阵的特征值定义了角点率相应函数。此外，为了克服 Moravec 算子的各向异性缺点，Harris 选取圆形窗口并利用高斯函数计算权重。快速分段测试特征（features from accelerated segment test，FAST）检测算子（Rosten et al.，2010，2006）通过比较每个像素与其邻域像素进行角点检测。

这些早期的特征点匹配方法往往不具有尺度不变性，并且对复杂的几何畸变比较敏感，于是，发展出了许多基于特征描述符的影像匹配方法。特征描述符通常利用以特征点为中心的局部区域内的像素灰度或者梯度信息来构建特征向量，该特征向量精简了特征领域的显著信息，有利于后续同名关系的建立。好的特征描述符应包含 4 个特性：不变性（不同影像中的正确同名点所构建的特性向量一致）、唯一性（不同特征点所对应的特征向量不同）、稳定性（特征描述符应具有一定的抗畸变性，即轻微的几何与辐射畸变对特征描述子影响较小）及独立性（特征点对应的特征向量内部元素应相互独立）。

在计算机视觉领域，尺度不变特征变换（scale invariant feature transform，SIFT）（Lowe，2004）算法是最常用也最有效的特征点匹配方法之一，其首先进行高斯尺度空间构建，然后在尺度空间中提取特征点，并利用梯度直方图构建特征向量；加速稳健特征（speeded-up robust features，SURF）（Bay et al.，2008）算法基于海森（Hessian）矩阵提取特征点并引入积分图技术来提高算法效率；主成分分析尺度不变特征变换（principal component analysis SIFT，PCA-SIFT）（Ke et al.，2004）采用主成分分析法来对高维的 SIFT 描述子进行降维处理，提取出描述符中作用较大的维度，大大减小了 SIFT 算法的复杂度；仿射不变特征变换（affine-SIFT，ASIFT）（Morel et al.，2009）通过模拟两相机轴方向参数来改进 SIFT 算法，使其具有仿射不变性；ORB（oriented FAST and rotated BRIEF，FAST 特征与旋转 BRIEF 描述导向的特征匹配）（Rublee et al.，2011）算法采用 FAST 来提取特征点并利用带方向的二进制鲁棒基元特征（binary robust independent elementary features，BRIEF）（Calonder et al.，2012）描述算法进行特征描述，该方法时间复杂度较低，适用于实时应用，但是不具有尺度不变性。在摄影测量与遥感领域，SIFT 算法由于其对光照、旋转、尺度、噪声、视角等的鲁棒性，也被广泛采用。然而，由于遥感影像获取的时间、视角及传感器不同，影像对之间存在较大的几何与辐射畸变。针对该问题，学者们提出了许多改进的 SIFT 算法。均匀分布尺度不变特征变换（uniform robust SIFT，UR-SIFT）（Sedaghat et al.，2011）主要研究了 SIFT 特征点的分布情况，并提出了一种基于熵的特征点选取策略来改善 SIFT 算法的匹配点分布均匀性；SAR-SIFT（Dellinger et al.，2015）根据 SAR 影像的具体特性引入了新的梯度定义，提高了算法对 SAR 影像斑点噪声的鲁棒性；自适应直方图尺度不变特征变换（adaptive binning SIFT，AB-SIFT）（Sedaghat et al.，2015）采用自适应梯度直方图来描述特征点，使其具有更好的抗局部几何畸变。戴激光等（2014）引入了相对尺度与相对主方向来增加匹配约束；相位一致性尺度不变特征变换（phase congruency SIFT，PC-SIFT）（李明 等，2015）采用相位一致性替代 SIFT 的灰度值梯度来计算主方向和特征向量。

2. 线特征匹配方法

线特征不仅可以指一般直线段，还可以是影像中的物体轮廓线、海岸线、道路或细长结构线。同名线通常采用成对的线段中点或者端点来表述。对于曲线或者边缘线段，通常采用边缘检测算子进行提取，比如 Canny 检测算子（Canny，1987）、Sobel 检测算子、高斯-拉普拉斯检测算子等（Marr et al.，1980）。Maini 等（2009）对经典的边缘检测算法进行了系统全面的总结对比。Stewart 等（2003）将点云拼接中著名的迭代最近邻点（iterative closest point，ICP）（Besl et al.，1992）方法引入医学影像的配准中。其首先提取影像中的线段特征，然后通过采样将线段转化为点集，同时也将线段匹配问题转化为点集匹配问题，并利用 ICP 来求解变换关系。与之类似，李登高等（2006）在高斯-拉普拉斯边缘上进行特征提取，然后利用 RANSAC 计算影像间的欧式几何变换。火元莲等（2008）也在轮廓曲线上检测特征点，并利用互信息作为匹配的相似性度量，结合粒子群优化算法和 Powell 算法来搜索最大互信息值。Zhang 等（2015）提出了一种弹性轮廓提取方法用于光学与 SAR 影像的配准问题，该方法首先从光学参考影像中提取轮廓特征，然后以这些特征来引导 SAR 影像中的轮廓提取，最后基于链码的相关性和基于不变矩的形状相似性标准等来进行匹配。这些方法对影像间的几何畸变或者大旋转等比较敏感。

对于直线特征，比较经典的检测方法有霍夫（Hough）变换法（Duda et al.，1972）、直线段检测（line segment detection，LSD）算子（Gioi et al.，2010）、边缘提取直线检测（edge drawing lines，EDLines）算子（Akinlar et al.，2011）等。Li 等（2016）对常用的直线匹配方法进行了梳理与回顾。Hartley（1995）通过三焦张量来进行三视图的直线匹配问题；Schmid 等（2000）基于直线段端点的核线约束来进行短基线影像匹配，对于宽基线影像对，采用单应平面参数簇来进行匹配。无论是基于张量的方法还是基于核线的方法都必须事先已知影像对间精确的几何关系。Lourakis 等（2000）推导了"2 直线+2 点"的特殊配置在平面场景下具有不变性，并基于该不变性来进行影像匹配。由于其平面场景假设，该方法在非平面场景中变得非常不可靠。Wang 等（2009a）利用直线符号标志（line signatures）来进行直线匹配。该方法使用由直线端点计算出的直线夹角和长度比来描述一个直线对，因而对直线端点的位置精度十分依赖。Sui 等（2015）提出了一种结合直线提取与直线交点匹配的迭代方法来避免特征提取较差导致的配准失败。该方法具有较好的辐射畸变抗性，被用于进行光学与 SAR 影像的配准，但是，直线交点精度往往较低，对几何畸变十分敏感。Fan 等（2012）提出了一种点线结合的匹配方法，其基本思想是通过特征点匹配方法来显著提高直线匹配的性能，直线之间的相似性由"1 直线+2 点"的仿射不变量计算得到。上述方法要么依赖于先验信息，要么适用于特定场景。Wang 等（2009b）基于特征描述子思想给出了一种普适的直线匹配方法，叫作均值-标准差直线描述子（mean-standard deviation line descriptor，MSLD）。该方法与 SIFT 思想相似，其基于梯度直方图的均值与标准差来构建描述子。但是，直线描述子的显著性比局部特征点描述子较差，并且该方法不具有尺度不变性。

直线匹配问题非常困难，其不仅面临特征点匹配方法存在的难点问题，还包含有自身带来的挑战，比如线段端点位置精度不高、直线碎片问题、直线显著度不高导致直线提取困难、缺乏全局几何约束（如点的核线约束）、影像中缺乏直线等，这些问题严重制约了直线匹配的实际应用。

3. 区域特征匹配方法

区域特征可以是高对比度的封闭区域投影、湖泊、建筑物或者阴影等。这些区域特征通常由其重心来表示，因为重心具有旋转、缩放及歪斜不变性，此外，其还对噪声及线性灰度变化具有较好的抗性。

一般利用影像分割方法来获取影像的区域特征，因而，配准的精度严重依赖于分割的准确性。Goshtasby 等（1986）提出了一个迭代的区域特征匹配方法。该方法以封闭区域的重心作为控制点来粗略估计影像间的几何模型，然后利用估计的几何模型来优化区域分割结果，最终达到亚像素的配准效果。随后，具有尺度不变性的区域特征备受关注。Huang 等（2004）基于信息熵来检测影像中的尺度不变区域特征并构建同名关系，然后，使用广义期望最大化（expectation-maximization，EM）框架检测多对显著区域特征之间的联合同名关系，最后使用联合同名关系来恢复影像间的最佳转换参数。Tuytelaars 等（2004）提出了一种仿射不变区域特征匹配方法，该特征本质上是自适应的影像块，它们随着视点的变化而自动变形，以便覆盖场景的相同物理部分。此外，该方法还利用几何及光度的半局部约束来增加系统的鲁棒性。Wang 等（2008）提出了一种基于区域的合同优化立体匹配方法，该算法利用区域作为基元，并利用区域的颜色信息和相邻区域之间的平滑和遮挡约束来定义对应的区域能量函数。Agrawal 等（2008）提出了中心围绕极值（center surround extremas，Censure）尺度不变特征。Matas 等（2004b）基于影像灰度一致性通过分水岭分割得到最大稳定极值区域（maximally stable extremal regions，MSER）仿射不变区域特征。与之类似的仿射不变特征还包括 Harris-Laplace 区域特征、Hessian-Laplace 区域特征、Harris-affine 区域特征、Hessian-affine 区域特征（Mikolajczyk et al.，2004）、熵与空间增强最大稳定极值区域（entropy and spatial dispersion enhanced MSER，ED-MSER）（Cheng et al.，2008）、尺度不敏感最大稳定极值区域（scale-insensitive MSER，SI-MSER）（Śluzek，2016）等。这些特征最后基本都会转化为点特征（重心）来进行影像匹配。

综上所述，点特征是所有特征中最为简单的，通常采用影像的二维坐标来表示。线特征、区域特征等这些高层次的特征非常复杂，往往会面临比点特征更多的挑战，比如位置精度不高、提取困难、形状随着形变而改变等。另一方面，线特征及区域特征经常会转化为点特征来进行影像匹配，比如直线交点、边缘线大曲率点、区域重心点等。由此可见，点特征是其他特征的基础，具有更好的普适性，能够适用于不同类型的影像数据及不同的应用环境。因而，点特征匹配问题是所有特征匹配方法中最基本也最重要的一个问题，本书将深入研究基于点特征的鲁棒性影像匹配方法，对鲁棒性特征点匹配技术的深入探讨不仅能够改善现有方法存在的缺陷，也能为其他特征匹配方法的研究带来新的思路。

1.3　影像匹配技术的发展趋势

从上述总结可知，学者们在过去几十年内在影像匹配技术上进行了大量的工作并取得了一些里程碑似的成功，比如互信息在多源影像配准中的应用，SIFT 算法等，但是，由于应用及影像数据的多样性，影像匹配仍然是一个开放的未解决的问题，仍然值得进行深入研究。从当前的研究现状来看，影像匹配技术主要有以下三个方面的发展趋势。

（1）研究更有效的特征描述子。特征匹配方法通常比区域匹配方法更加稳健，对尺度、光照变化、视角变化、大旋转、模糊及噪声等畸变更加鲁棒，是影像匹配技术的发展趋势。而特征点是所有特征的基础，其代表着影像中的显著性结构信息，具有位置精度高、提取容易等优点。对于每一个特征点，通常需要一个特征描述符来描述该点的局部特性，以凸显其显著性，达到易区分的目的。在影像特征点匹配问题中，一旦采用更好的特征描述符来构建特征向量，这些特征向量就具有更好的区分性，因而能够获取精度更高、错误点更少的初始匹配点集，为后续进一步粗差剔除提供保障。好的特征描述符应包含前文所述的 4 个特性。然而，由于影像获取时间、视角及传感器的不同，影像对之间通常包含有较大的几何与辐射畸变，使得目前的特征描述符都存在一定的问题。因而，获取具有更好的抗局部几何和辐射畸变的特征描述方法是重要的研究趋势之一。

（2）研究更加高效鲁棒的粗差探测算法。由于任何匹配算法不可避免地会存在错误匹配点，这些错误匹配点需要采用一定的粗差探测方法对其进行定位及剔除，以避免对后续的几何处理造成影响。因而，粗差探测技术是可靠稳健匹配的一个关键性问题。目前，通常采用鲁棒估计算法来区分噪声和粗差点，例如选权迭代法和 RANSAC 方法。然而，选权迭代法在理论上只能处理不高于 50% 的粗差点，RANSAC 方法也对数据中的粗差比例比较敏感且采用最小集来计算几何模型会受到噪声干扰。一旦初始匹配点集中粗差比例较高时，比如 70% 以上，这些方法可能失效。这在遥感影像匹配中时常出现，比如，在进行光学影像与 SAR 影像的特征匹配时，由于巨大的辐射差异及严重的斑点噪声影响，初始匹配点正确率很可能小于 30%。因此，研究高效鲁棒的粗差探测算法具有实际的应用价值，是目前鲁棒性特征匹配方法的一个热点研究问题。

（3）研究非刚性及大几何畸变影像匹配算法。目前粗差探测与剔除方法都是以几何模型为基础的，即需要事先知道影像对之间满足某一特定几何关系模型。当影像对中存在非刚性形变或者存在大几何畸变难以被某一几何模型描述时，常用的选权迭代法和 RANSAC 方法基本无能为力。而非刚性匹配问题也十分重要，具有较多实际应用场景。在摄影测量与计算机视觉领域，全景影像以其大视场角的优势获得了广泛的运用，但是全景影像由于其成像特点会带来巨大的几何畸变。若要使用传统粗差剔除算法，则必须获取相机标定参数及推导全景投影方式所对应的对极几何模型，这对于基于全景影像的场景识别、SLAM 算法的闭环检测等应用带来了许多额外的工作量。近年来，非刚性形变的匹配问题得到了学者们的广泛研究，提出了一系列的点集匹配模型，比如一致性点漂移（coherent point drift，CPD）（Myronenko et al.，2010）、高斯混合模型（Gaussian mixture models，GMM）（Jian et al.，2011）、向量场一致性（vector field consensus，VFC）（Ma et al.，2014）、局部线性变换（locally linear transforming，LLT）（Ma et al.，2015a）等，对该问题的研究也势必成为鲁棒性特征匹配方法的一大热点。

1.4 本书研究内容和章节安排

1.4.1 研究内容

针对鲁棒性影像特征匹配的三大关键性问题，即大辐射畸变、大几何畸变和高粗差比例，本书研究内容如下。

（1）研究非线性辐射畸变的影像特征匹配问题。经典特征匹配算法如 SIFT 算法对非线性辐射差异较为敏感，为解决该问题，本书研究基于 Log-Gabor 卷积图层最大值索引图的辐射不变特征匹配方法。首先，研究利用相位一致性进行特征检测，提取影像中显著的角点与边缘点。其次，研究最大值索引图用于描述特征点。最大值索引图由多方向 Log-Gabor 卷积序列构建，受非线性辐射畸变较小。

（2）研究大几何畸变的影像特征匹配问题。首先，研究支持线投票策略，将点匹配问题转化为线匹配问题，增加匹配约束；其次，研究基于自适应直方图的支持线描述子，用于支持线的可靠匹配；再次，研究仿射不变比率用于匹配点提纯与扩展；最后，研究格网仿射变换模型，用于近景影像或者畸变影像的配准问题。

（3）研究大粗差比例的粗差剔除问题。研究基于 l_q（$0<q<1$）估计子的匹配点粗差剔除模型、l_q 估计子优化方法，以及其参数敏感性。研究带尺度因子的 Geman-McClure 加权 l_q（$0<q<1$）估计子及其优化方法，学习其对粗差比例的鲁棒性与对粗差的抗性。研究加权 l_q（$0<q<1$）估计子的推广方法，包括相机外定向与绝对定向。

（4）研究无人机影像稳健几何处理方法。研究无人机影像航带管理、并行内定向、像控点预测、均衡化匹配算法等，并采用多视匹配方法生成数字表面模型和数字正射影像。

（5）验证所提系列算法的有效性与实用性。通过多个应用实例，包括点云纹理映射、地图上色、倾斜三维重建、近景影像拼接、室内三维重建及三维点云配准，对所提系列算法进行检验。

1.4.2 章节安排

第 1 章，分别从应用及理论的角度阐述影像匹配技术的研究意义及研究难点；对现有影像匹配方法及其优缺点进行详细总结，并对影像匹配技术的发展趋势进行概括；介绍本书的研究内容及章节安排。

第 2 章，介绍算法框架，对鲁棒性特征匹配的各个步骤进行详细的探讨，对每个步骤内较有代表性的工作进行综述与回顾。

第 3 章，回顾相位一致性的概念并说明其重要性。提出利用相位一致性进行特征检测的方法，提取影像中的角点与边缘点，同时顾及特征点数量与特征点重复率。提出基于 Log-Gabor 卷积序列的最大值索引图构建方法并用于特征描述。设计参数学习实验、旋转不变性能实验及多模态影像匹配实验。

第 4 章，提出利用支持线投票策略来增加光度约束，构建基于自适应直方图的支持线描述子，引入仿射不变比率来进行匹配点集的提纯与扩展，提出格网仿射变换模型。设计参数学习实验、刚性形变影像匹配实验、非刚性影像匹配实验及影像拼接实验。

第 5 章，提出基于 l_q（$0<q<1$）估计子的匹配点粗差剔除模型，并利用扩展拉格朗日函数与交替方向乘法子进行优化求解。提出带尺度因子的 Geman-McClure 加权 l_q（$0<q<1$）估计子。给出由粗到精的迭代加权最小二乘策略；并将加权 l_q 估计子推广至相机外定向与绝对定向。设计参数学习实验、模拟影像匹配实验及真实影像匹配实验。

第 6 章，提出一种稳健便捷的摄影测量处理流程，包括航带管理、并行内定向、像控点预测、均衡化匹配算法等，并采用多视匹配方法生成数字表面模型和数字正射影像。

第 7 章，对于第 4～5 章中提出的三类算法，各自选取两个应用实例验证所提系列算法的有效性与实用性。

第 8 章，总结与展望。

第 2 章　鲁棒性特征匹配框架与研究基础

　　寻找稳定可靠的同名关系是很多摄影测量与遥感应用的关键性问题，比如影像拼接、光束法平差、三维重建、变化检测等。从早期的基于区域的相关法、傅里叶变换法、互信息法，到近期的基于特征的特征点法、特征线法、特征区域法，影像匹配技术得到了长足的发展。区域匹配方法通常对复杂的几何畸变十分敏感。特征方法能够更好地表述影像中的结构信息，对传感器噪声、场景噪声等更为鲁棒。点特征作为其他特征的基础，具有更好的普适性，从而成为本书的主体研究特征。本章将着重介绍特征点匹配算法框架及其各个步骤中重要的相关工作。

2.1　鲁棒性特征匹配算法框架

　　图 2.1 总结了鲁棒性影像特征点匹配的算法框架，其通常包含有两大步骤。首先，从影像对中提取特征点并构建描述向量，通过相似性度量来寻找初始同名点对，这一步骤被称为初始特征点匹配（如 SIFT 算法）。一般而言，由于受到辐射及几何畸变的干扰，初始同名点对集合不仅包含有正确匹配点对，还存在大量的错误匹配对（粗差）。因而，第二步就是采用影像对所满足的几何关系模型作为约束来消除错误匹配点对，该步骤即为摄影测量中的粗差剔除步骤。尽管在不同应用背景下初始特征点匹配算法的细节各不相同，但是大部分算法都符合相同的基本框架，即包含特征点检测、特征点描述及特征向量匹配三步。

　　（1）特征点检测。特征点检测即从影像中检测点特征，是特征点匹配方法的基础，决定了两个点集之间正确匹配对个数的多少及点位精度高低。特征点一般为影像中区分度高、显著性大的像点，比如角点、局部区域重心点、直线段交点等。特征点通常可以利用手动刺点或者特征点检测算子自动提取等手段获取。

　　（2）特征点描述。提取得到特征点集合后，最简单的描述方法即为像点坐标描述，然后采用类似于 ICP 这类算法进行点集匹配。然而，该类方法对几何畸变及大旋转等比较敏感。而以特征点为中心的局部影像区域通常具有更高的区分性，利用该区域构建特征向量的过程即为特征点描述。一个好的特征描述符应该具有较好的辐射与几何畸变抗性。

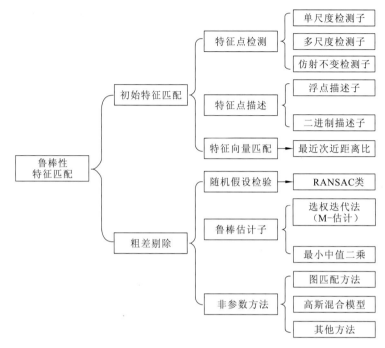

图 2.1　鲁棒性特征点匹配算法框架示意图

（3）特征向量匹配。利用距离度量（欧式距离或者汉明距离）计算特征描述向量之间的相似性，根据相似性寻找潜在的同名点对。

上述初始特征点匹配的每个步骤都可以作为独立的研究问题。特征检测需要考虑所选检测算子的 4 个特性。①重复性。对于相同场景的影像对，即使拍摄条件不同、视角不同，重叠区域的特征点应尽可能一致。在理想情况下，无论影像存在何种形变，检测算子应能从相同场景影像中检测得到相同的特征点集。②准确性。检测算子应具有很好的点位精度，通常为亚像素精度，并且点位精度不受影像辐射及几何畸变影响。③普适性。检测算子应能适用于不同类别的影像数据及不同的应用场景。④数量与分布。检测算子应该能够检测出影像中的全部或大部分特征点并且分布均匀，也就是说影像对间必须包含足够多的同名特征点，这也是特征点能够较好匹配的基础。

影像匹配的理想情况是影像数据为"可以精确配准的"，也就是说同名点对的局部影像块或者局部区域具有完全一致的辐射及几何特性。然而，由于成像方式、外部条件等不同，特征点的局部影像块可以大不相同。在特征点描述阶段，描述符的好坏通常取决于三个方面。①鲁棒性。描述符应具有较好的辐射与几何抗性，具体而言，假设影像对间存在尺度、光照、视角、旋转及噪声等变化，对于一对同名特征点，好的特征描述符依然能得到一致的特征描述向量。②可区分性。不同特征点的描述向量应不一致，从而避免将不相关的特征点匹配起来。③高效性。过高的计算复杂度将大大影响其实用性。

特征向量匹配相对较为简单，因而研究也较少，通常采用最近距离与次近距离比进行初步匹配。对于浮点描述符，比如 SIFT，一般采用欧式距离作为距离度量；对于二进制描述子，如 BRIEF 描述符，采用汉明距离进行匹配。特征描述向量通常是一个高维度的向量，直接进行高维度向量的最近距离搜索十分耗时，普遍采用 k 最近邻（k-nearest neighbors，KNN）（Muja et al.，2014）方法进行加速搜索。由于影像间的辐射差异和几何畸变，所得到的初始匹配点对集合中存在错误匹配点，即粗差点。这些粗差点将严重影响后续的几何模型估计及影像位置与姿态解算等的精度，需要进行粗差剔除来筛选出高精度的可靠匹配对。下面将对鲁棒性影像特征点匹配方法的两大步骤进行详细的探讨，首先，对第一步中特征点检测及特征点描述的重要相关工作分别进行总结，然后，对粗差剔除的重要相关工作进行回顾。

2.2　特征点检测算子

从特征点检测算子的发展历程来看，这些检测算子基本可以分为三大类：单尺度检测算子、多尺度检测算子和仿射不变检测算子。早期的检测算子方法基本都是单尺度的。所谓单尺度，简而言之，就是检测算子的内部参数仅能对特征点产生一种表述。单尺度检测算子能够对旋转、平移、线性光照变化及加性噪声等具有较好的不变性。然而，此类检测算子无法处理尺度问题。随着影像数据的多样性及应用的多元化，迫切需要具有尺度不变性的检测算子。也就是说，给定两幅存在尺度差异的相同场景影像，该检测算子应能检测到相同的特征点。目前，通常首先对影像构建高斯尺度空间，然后在尺度空间中进行显著性特征点检测来达到尺度不变的目的。这些多尺度检测算子不仅继承了单尺度检测算子的优点，比如旋转、平移等不变性，还具有各向同性尺度不变性。其假设特征点位及尺度不受局部影像结构的仿射变换影响。在实际情况中，影像间的尺度差异更可能是各向异性的而不是各向同性的，因而，多尺度检测算子只具有部分仿射不变性。当影像对之间的视角变化较大时，多尺度检测算子往往效果不佳。因而，若要使得检测算子对射影变换具有较好的鲁棒性，则需要检测算子具有仿射不变性。接下来对单尺度、多尺度检测算子及仿射不变检测算子的细节进行总结。

2.2.1 单尺度检测算子

1. Moravec 检测算子

Moravec 检测算子（Moravec，1977）是早期的角点检测算法之一，最初应用于序贯影像跟踪任务中。尽管该算法十分简单并且缺点也很明显，但是为后续算法（如 Harris 检测算子）奠定了基础。Moravec 检测算子认为具有局部最低"自相关性"的点为角点特征，其基本思想可以概述为通过滑动窗口搜索局部像素灰度变化极大值。具体而言，对于影像中的每个像素，计算以该像素为中心的局部窗口影像块与其八邻域方向窗口影像块之间的 SSD，相关性越大则 SSD 值越小。基于 SSD 来计算像素的自相关性，影像中的像素基本可以分为三种情况。

（1）如图 2.2（a）所示，如果像素周围区域比较平滑，像素灰度变化较小，那么 SSD 值变化都很小，则该像素不是角点。

（2）如图 2.2（b）所示，如果像素位于影像中的边缘结构上，那么，沿边缘方向的 SSD 值将很小，而与边缘垂直方向的 SSD 值则较大。因而，Moravec 容易将边缘点检测为角点。

（3）如图 2.2（c）所示，当像素各个方向的灰度变化都较大时，这些点才是真正 SSD 意义上的角点特征。

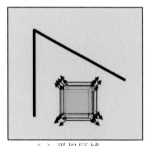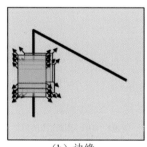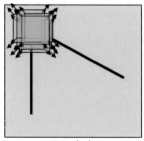

（a）平坦区域　　　　　　　　　（b）边缘　　　　　　　　　（c）角点

图 2.2　影像中典型的像素类型

Moravec 检测算子将上述 8 个 SSD 值的最小值作为角点率（cornerness）构建角点率图层（cornerness map），取角点率图层的局部极大值作为角点特征。其详细算法步骤如下。

（1）对于影像 I 上任意像素点坐标 (x, y)，计算 (x, y) 的局部窗口 Ω 与该窗口偏移 $(\Delta x, \Delta y)$（偏移方向为八邻域方向）像素得到的邻域窗口之间的 SSD 值

$V_{(\Delta x, \Delta y)}(x, y)$：

$$V_{(\Delta x, \Delta y)}(x, y) = \sum_{\forall a, b \in \Omega} [I(x + \Delta x + a, y + \Delta y + b) - I(x + a, y + b)]^2 \qquad (2.1)$$

式中：$(a, b) \in \Omega$。

（2）计算每个像素 (x, y) 的角点率 $C(x, y)$，并构建角点率图层

$$C(x, y) = \min(V_{(\Delta x, \Delta y)}(x, y)) \qquad (2.2)$$

（3）对角点率图层进行阈值处理，即 $C(x, y)$ 小于一定阈值则设为 0。

（4）进行非最大值抑制来寻找局部极值并作为角点特征。

Moravec 检测算子能够有效提取角点特征并且其运行效率高，但是该算法具有较大缺陷。首先，其不具有各向同性特性，仅计算 8 个方向的灰度变化，如果边缘方向为这 8 个方向以外的方向，则边缘点容易被误检测为角点。

2. Harris 检测算子

为了克服 Moravec 检测算子各向异性的缺点，Harris 等（1988）提出了结合边缘和角点的检测方法，即 Harris 检测算子。Harris 检测算子的思路是获取像素各个方向上的自相关变化（即灰度变化），因而，该检测算子比 Moravec 检测算子拥有更高的检测率（detection rate）和重复率（repeatability rate）。Harris 算子采用 2×2 的灰度自相关矩阵 $\boldsymbol{M}$ 进行影像特征检测并描述其局部结构，自相关矩阵的计算公式如下：

$$\boldsymbol{M}(x, y) = \sum_{a, b \in \Omega} w(a, b) \begin{bmatrix} I_x^2(x, y) & I_x I_y(x, y) \\ I_x I_y(x, y) & I_y^2(x, y) \end{bmatrix} \qquad (2.3)$$

式中：I_x 和 I_y 分别为影像 x 和 y 坐标方向的局部一阶导数；$w(a, b)$ 为局部窗口 Ω 中位置为 (a, b) 像素的权重。通常采用高斯函数进行加权，那么，离窗口中心越远，权重越小，因而该圆形窗口能够保证响应函数为各向同性。自相关函数一般可认为是二项函数，也就是椭圆函数，该椭圆的尺寸与扁率由 $\boldsymbol{M}$ 的特征值 λ_1 和 λ_2 决定。如图 2.3 所示，当 λ_1 和 λ_2 都很小时，椭圆（自相关函数）在所有方向上都变化较小，该影像区域较为平滑；当 $\lambda_1 \geqslant \lambda_2$ 或者 $\lambda_1 \leqslant \lambda_2$ 时，自相关函数在某一方向变化较大，而在其他方向变化较小，该像素极为可能是边缘像素；当 λ_1 和 λ_2 都很大时，自相关函数在所有方向上都变化较大，该像素即为角点特征。

由于特征值计算需要求解平方根函数，大大提升了算法的计算复杂度。因而，Harris 算法并不直接计算 $\boldsymbol{M}$ 的特征值，而是结合矩阵的行列式大小 $\det(\boldsymbol{M})$ 与矩阵的迹 $\mathrm{trace}(\boldsymbol{M})$ 来计算角点率 $C(x, y)$，具体公式如下：

$$C(x, y) = \det(\boldsymbol{M}(x, y)) - K(\mathrm{trace}(\boldsymbol{M}(x, y)))^2 \qquad (2.4)$$

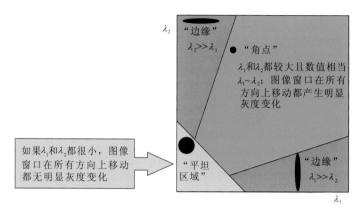

图 2.3 像素分类

利用 $\boldsymbol{M}$ 的特征值 λ_1 和 λ_2 将像素分为平坦区域、边缘和角点三类

其中

$$\begin{cases} \det(\boldsymbol{M}(x,y)) = \lambda_1\lambda_2 \\ \mathrm{trace}(\boldsymbol{M}(x,y)) = \lambda_1 + \lambda_2 \end{cases} \tag{2.5}$$

式中：K 为校正系数。与 Moravec 算子类似，首先计算角点率图层，并进行非最大值抑制来寻找局部极值作为角点特征。

3. Hessian 检测算子

与 Harris 算子相似，Hessian 检测算子（Lakemond et al.，2012）也是基于影像偏导数进行特征检测。与之不同的是，Hessian 检测算子利用影像的二阶偏导数构建一个 2×2 矩阵，称为 Hessian 矩阵。该矩阵能够用于分析影像的局部结构信息，它的数学表达形式为

$$\boldsymbol{H}(x,y) = \begin{bmatrix} I_{xx}(x,y) & I_{xy}(x,y) \\ I_{xy}(x,y) & I_{yy}(x,y) \end{bmatrix} \tag{2.6}$$

式中：I_{xx}、I_{xy} 和 I_{yy} 为影像的二阶偏导数。Hessian 检测算子认为，如果某个像点在两个相互正交的方向上拥有较大的偏导数响应值，那么该点则为潜在的特征点。换言之，如果某像素的 Hessian 矩阵行列式值为局部最大值，那么该点即为潜在的特征点

$$\det(\boldsymbol{H}) = I_{xx}I_{yy} - I_{xy}^2 \tag{2.7}$$

由上式计算所有像点的 $\det(\boldsymbol{H})$ 值，然后采用 3×3 窗口进行非局部最大值抑制处理，仅仅保留极大值点。再进行阈值化处理，将 Hessian 矩阵行列式值大于特定阈值的点作为特征点。这些取得 $\det(\boldsymbol{H})$ 最大值的点，主要为影像中的角点及强

纹理区域点，这些点一般被称为斑点特征。以 H 的行列式值作为度量标准，能够有效地惩罚那些仅在某一方向上拥有较小的二阶偏导数的狭长结构。该度量标准能够描述影像局部结构在两个方向上的信号变化。与其他常用算子[比如 Laplace（拉普拉斯）算子]相比，$\det(H)$ 值更加鲁棒。仅当像素局部结构在两个正交方向上都存在显著变化时，Hessian 矩阵行列式值才会有较大响应。但是，Hessian 矩阵由影像的二阶导数构建，这一特性决定了其对噪声比较敏感并会受到局部区域细微变化的影响。

4. FAST 检测算子

FAST 算法（Rosten et al.，2010，2006）基本原理十分简单，即比较像素点与其周围邻域像素，如果该点像素灰度比足够多的邻域像素灰度值较大或者较小，那么该点即为角点特征。图 2.4 给出了 FAST 检测子的详细原理，对于影像上任一点 p，将其作为圆心，画半径为 3 像素的 Bresenham 圆，以该圆所经过的 16 个像素点作为基准来判断 p 点是否为特征点。具体而言，将 p 点正上方像素作为起点 1 并按顺时针方向进行顺序编号（图中白色加粗方框像素），如果 Bresenham 圆上有 $\hat{N}$（通常设为 12）个连续像素点的灰度值都比 p 点灰度值加上特定阈值大（或者比 p 点灰度值减去特定阈值小），那么 p 点即为潜在角点特征。

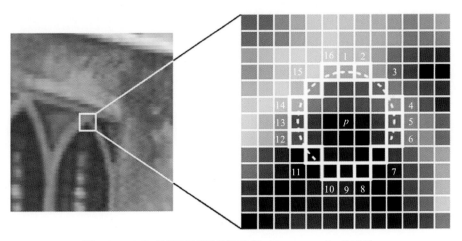

图 2.4　FAST 检测算子原理示意图（Rosten et al.，2006）

一般来说，在一幅影像中，角点的数量远远小于非角点的数量，并且非角点能够很容易地进行判断，因此，FAST 检测算子首先通过一个快速测试（high-speed test）策略来剔除非角点像素，从而大大提升算法运行速度。如果 $\hat{N}$ 的值为 12，要使点 p 为角点，那么，编号为 1、5、9、13 的 4 个像素中必须至少有三个像素

的灰度值比 p 点灰度值加上特定阈值更亮（或者比 p 点灰度值减去特定阈值还暗）。因此，首先验证编号为 1 和 9 的像素点，如果都满足上述条件，则再检查编号为 5 和 13 的像素灰度值；否则，该点肯定不是角点，换另一像素重复该步骤。若上述快速测试满足，则对其余像素进行进一步验证。得益于该步骤，FAST 检测算子运行效率非常高，在实时应用中得到了广泛运用。但是，如 Rosten 等（2010）所说，FAST 存在一些限制与弱点：①当 $\hat{N}$ 取值小于 12 时，高速测试策略难以适用，因而该策略不具有普适性；②快速测试像素的选择和排序暗含了特征外观分布的假设；③检测到的特征可能紧挨着一起，造成分布不均匀。因而，Rosten 等（2010）利用机器学习方法来改进这些限制和缺点。其使用决策树算法（iterative dichotomiser 3，ID3）来进行快速测试像素的选择和排序，并引入额外标准来进行非最大值抑制，从而获取高点位精度特征。该改进方法采用的角点率 $C(x,y)$ 度量标准为

$$C(x,y) = \max\left(\sum_{j \in S_{\text{bright}}} |I_{p \to j} - I_p| - \ell, \sum_{j \in S_{\text{dark}}} |I_p - I_{p \to j}| - \ell \right) \quad (2.8)$$

式中：$p \to j$ 为位于 Bresenham 圆上的像素；S_{bright} 和 S_{dark} 分别为更亮和更暗状态；ℓ 为阈值。换言之，该方法包含两大步：首先，根据特定阈值将 Bresenham 上的 16 个像素点分为三类，即更亮、更暗和相似；然后，采用 ID3 算法进行快速测试像素的选择和排序，并根据中心像素与 Bresenham 圆上的连续像素的 SSD 进行非最大值抑制。FAST 检测算子对噪声和尺度比较敏感，并且其结果严重依赖于上述特定阈值。

2.2.2 多尺度检测算子

1. LoG 检测算子

高斯拉普拉斯（Laplacian of Gaussian，LoG）检测算子是最早的斑点特征提取算法之一，其本质是影像二阶偏导数的线性组合。Koenderink（1984）和 Lindeberg（1994）揭示了高斯函数非常适合用于尺度空间构建。因此，给定标准差为 σ 的高斯函数：

$$G(x,y,\sigma) = \frac{1}{\sqrt{2\pi\sigma^2}} \exp\left(-\frac{x^2 + y^2}{2\sigma^2} \right) \quad (2.9)$$

那么，对于影像 $I(x,y)$，其尺度空间表达 $L(x,y,\sigma)$ 则为 $I(x,y)$ 与该高斯函数的卷积

$$L(x,y,\sigma) = G(x,y,\sigma) * I(x,y) \quad (2.10)$$

式中：*为卷积操作符。然后，对获取的高斯尺度空间影像进行拉普拉斯运算 ∇^2

$$\nabla^2 L(x,y,\sigma) = L_{xx}(x,y,\sigma) + L_{yy}(x,y,\sigma) \qquad (2.11)$$

斑点结构大小与高斯核标准差之间的关系将严重影响 LoG 斑点检测算子的响应值。因为拉普拉斯运算会导致大小为 $\sqrt{2}\sigma$ 的暗斑点产生较强的正响应而同样大小的亮斑点产生较强的负响应。为了解决斑点在影像域中大小未知的问题，需要利用多尺度算法进行检测。根据尺度空间理论，Lindeberg（1998）提出了一种多尺度方法，该方法通过搜索尺度归一化 Laplace 算子的尺度空间极值来进行尺度的自动选取：

$$\nabla^2_{\text{norm}} L(x,y,\sigma) = \sigma^2(L_{xx}(x,y,\sigma) + L_{yy}(x,y,\sigma)) = \sigma^2\nabla^2 \qquad (2.12)$$

由于 LoG 算子是圆形对称的，其在本质上就对旋转具有不变性。基于该性质，LoG 检测子能够很好地适用于斑点特征的检测。除此之外，LoG 检测子还能够有效提取其他局部结构，比如角点、边缘、交点等。如图 2.5 所示，LoG 检测子不仅利用位置信息还利用尺度信息进行特征检测，换言之，LoG 检测子搜索高斯尺度影像的三维空间（二维位置和尺度）极值作为潜在的特征点，因而其具有尺度不变性，所检测的点特征都带有尺度信息。Lindeberg（2013）对拉普拉斯算子的尺度选择特性进行了详细的介绍。

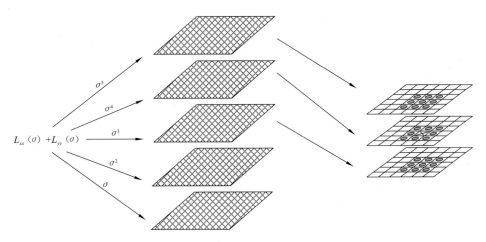

图 2.5　LoG 检测算子原理示意图（Hassaballah et al.，2016）

2. DoG 检测算子

LoG 检测子比较耗时，因而，Lowe（2004）对其进行了改进并提出了著名的 SIFT 匹配方法。SIFT 算法采用高斯差分算子（difference of Gaussian，DoG）作为特征检测子。具体而言，对于影像 $I(x,y)$，其 DoG 影像 $D(x,y,\sigma)$ 则为 $I(x,y)$ 与

高斯差分函数的卷积，通过相邻尺度空间影像（相邻尺度空间影像之间存在常数乘系数∂）之差得

$$D(x,y,\sigma)=(G(x,y,\partial\sigma)-G(x,y,\sigma))*I(x,y)$$
$$=L(x,y,\partial\sigma)-L(x,y,\sigma)$$
（2.13）

选取 DoG 算子的主要原因包括两点。第一，该算子计算十分简单快速。DoG 卷积过程包含两个操作，即高斯卷积影像平滑和相邻尺度空间影像相减。而高斯尺度空间构建必须进行高斯平滑操作，即为尺度不变检测算子的共有操作。因而，剩余操作仅仅为简单的影像相减。第二，Lindeberg 在理论上已经证明了 DoG 函数为尺度归一化 LoG 函数（$\sigma^2\nabla^2 G$）的近似表达，并且还证明了采用因子σ^2来归一化拉普拉斯算子才能获取真正的尺度不变性。Mikolajczyk 等（2005b）通过实际实验对比进一步验证了该结论的正确性，发现$\sigma^2\nabla^2 G$极值比其他函数（如梯度、Hessian、Harris 角点函数）能够得到更加稳定的影像特征。

图 2.6 显示了高斯差分影像$D(x,y,\sigma)$的具体构建过程。首先，构造高斯金字塔影像。高斯金字塔不是对原始影像进行简单的连续降采样得到，而是需要在降采样的同时进行不同的高斯平滑滤波处理。高斯金字塔的层数与影像大小相关，具体计算公式详见 SIFT 原文。与一般金字塔影像不同，高斯金字塔的每一层包含有多张影像，这些影像由层底影像与不同参数σ的高斯函数卷积得到，每层中的多张影像称为组（octave）。需要注意的是，第一组的第一张影像一般为原始影像，而下一组的第一张影像由上一组的倒数第三张影像通过隔点采样得到。然后，将每组内相邻影像进行相减，得到高斯差分影像金字塔（图 2.6 右侧）。

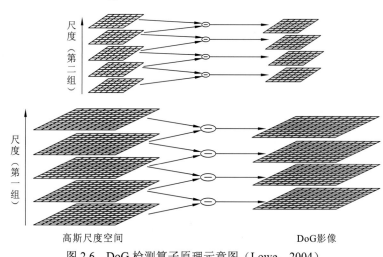

图 2.6 DoG 检测算子原理示意图（Lowe，2004）

最后，与 LoG 类似，搜索高斯差分影像的三维空间（二维位置和尺度）极值作为潜在的特征点。

3. Harris-Laplace 检测算子

Harris 检测算子具有较好的旋转和光照不变性，但是不具有尺度不变性。因而，Mikolajczyk 等（2004）对其进行了扩展，提出了 Harris-Laplace 尺度不变角点检测算子。Harris-Laplace 将高斯尺度空间与 Harris 角点检测相结合，通过修改自相关矩阵形式使其独立于影像分辨率。经尺度扩展后的自相关矩阵的数学表达形式如下：

$$M(x,y,\sigma_1,\sigma) = \sigma^2 G(x,y,\sigma_1) \begin{bmatrix} I_x^2(x,y,\sigma) & I_x I_y(x,y,\sigma) \\ I_x I_y(x,y,\sigma) & I_y^2(x,y,\sigma) \end{bmatrix} \quad (2.14)$$

式中：σ_1 为影像整体尺度；σ 为局部尺度，即为差分尺度（differentiation scale）。整体尺度 σ_1 决定了如何选取高斯尺度空间影像进行 Harris 角点检测，而局部尺度 σ 则为影像偏导过程所使用的高斯核尺寸。与 Harris 检测算子类似，多尺度 Harris 的角点率度量也通过尺度扩展后自相关矩阵的行列式值与矩阵迹计算得

$$C(x,y,\sigma_1,\sigma_l) = \det(M(x,y,\sigma_1,\sigma_l)) - K(\text{trace}(M(x,y,\sigma_1,\sigma)))^2 \quad (2.15)$$

Harris-Laplace 检测算子首先需要构建高斯尺度空间（与 LoG 检测子一致），在高斯尺度空间的每一层影像上根据角点率图层计算局部最大值，并进行非最大值抑制处理，得到角点在影像中的位置。然后，对于每个角点，利用尺度归一化 LoG、$\sigma^2 \nabla^2 G$，判断其是否在尺度空间中也为极大值，若为极大值，则保留为 Harris-Laplace 角点，否则舍弃。与多尺度 Harris 检测算子相比，Harris-Laplace 检测算子能够大大减少冗余特征点数量。Harris-Laplace 检测算子对影像尺度、旋转、光照和加性噪声具有较好的不变性，并且该算子重复率较高。但是，Harris-Laplace 算子检测得到的特征点数目往往比 LoG 或 DoG 算子少得多，并且对仿射变换较为敏感。

4. Hessian-Laplace 检测算子

同理，可以将 Harris-Laplace 原理应用于 Hessian 检测算子上使其具有尺度不变性，得到 Hessian-Laplace 检测算子。与 Harris-Laplace 一样，首先构建尺度空间，然后，在尺度空间中根据 Hessian 矩阵检测特征点并进行尺度极值判断：

$$H(x,y,\sigma) = \begin{bmatrix} I_{xx}(x,y,\sigma) & I_{xy}(x,y,\sigma) \\ I_{xy}(x,y,\sigma) & I_{yy}(x,y,\sigma) \end{bmatrix} \quad (2.16)$$

与 Harris-Laplace 检测算子相比，Hessian-Laplace 算子通常能较大地提升特

征点数目。SURF 匹配算法采用多尺度 Hessian 算子进行特征检测，与上述 Hessian-Laplace 检测算子存在细微区别，其采用积分图技术计算 Hessian 行列式。SURF 算法作者指出多尺度 Hessian 检测算子比多尺度 Harris 检测算子更加稳定鲁棒。

2.2.3　仿射不变检测算子

仿射不变检测算子可以看成是尺度不变检测算子的进一步推广。尺度不变算子假设特征点点位及尺度不受局部影像结构的仿射变换影响。然而，在实际情况中，影像间的尺度差异更可能是各向异性的，尤其当影像对之间存在较大视角变化时，这种各向异性尺度缩放会对特征的点位、尺度及局部结构产生影响。如图 2.7 所示，由于视角变化的影响，影像对间存在较大几何畸变，因而固定形状的局部区域无法处理这些畸变（图 2.7（a）和（b）中的圆形区域）。显而易见，这两个圆形区域内的影像内容不一致，即对应的物方地物存在差别，如图 2.7（d）和（e）所示。相反，若要使得特征具有仿射不变性，则其对应的区域形状必须能够随仿射变换而自适应变化，如图 2.7（c）和（f）所示。仿射不变特征能够很好地应对局部几何畸变。首先，影像所摄场景的细小局部通常能够被局部平面描述；其次，对于细小局部而言，透视投影效应非常细微，一般可以忽略。本小节将简单介绍

（a）　　　　　　　　　　（b）　　　　　　　　　　（c）

（d）　　　　　　　　　　（e）　　　　　　　　　　（f）

图 2.7　视角变化对尺度的影响（Mikolajczyk et al.，2005b）

几个常用的仿射不变检测算子，主要包括 Harris-affine 检测算子、Hessian-affine 检测算子和 MSER 检测算子，更多仿射不变特征检测算子的总结与实验对比详见文献 Mikolajczyk 等（2005b）。

图 2.7（a）为视角 1 下采集的影像；图 2.7（b）和（c）为视角 2 下采集的影像。其中，红点表示特征点。图 2.7（a）和（b）中圆圈区域表示特征点的各向同性尺度区域；图 2.7（c）中仿射椭圆区域表示特征点的各向异性尺度区域；图 2.7（d）和（f）为（a～c）中局部区域的放大图。可以看到，视角变化会造成各向异性尺度变化。固定半径的圆形区域通常无法应对，而仿射椭圆区域则能有效处理。

1. Harris-affine 和 Hessian-affine 检测算子

通过仿射正则化（affine normalization）能够将 Harris-Laplace 和 Hessian-Laplace 检测算子扩展成仿射不变检测算子，即 Harris-affine 和 Hessian-affine 算子（Mikolajczyk et al.，2004）。下面以 Harris-Laplace 检测算子为例，详述其仿射正则化过程：Harris 算子采用二阶矩矩阵（second moment matrix）进行特征点检测，而二阶矩矩阵自身就能够用于估计局部影像结构的各向异性形状。通常，二阶矩矩阵的特征值被用于度量特征点局部区域的仿射形状。具体而言，给定利用 Harris-Laplace 提取得到的带有尺度信息的初始特征点集，采用 Lindeberg 等（1997）提出的迭代估计法进行椭圆仿射区域估计。为了确定仿射形状，他们发现利用 $\sqrt{M}$ 作为变换能够将局部仿射图案投影到另一个具有相同特征值的仿射图案上。如图 2.8 所示，x_L 和 x_R 为两个同名特征点，M_L 和 M_R 分别为 x_L 和 x_R 的二阶矩矩阵，利用上述 $\sqrt{M}$ 变换对 x_L 和 x_R 的局部仿射区域进行正则化（$x'_L = \sqrt{M_L}\,x_L$，

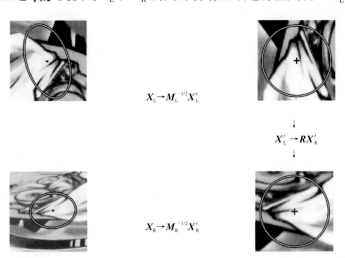

$$X_L \rightarrow M_L^{-1/2} X'_L$$

$$\downarrow$$

$$X'_L \rightarrow R X'_R$$

$$\downarrow$$

$$X_R \rightarrow M_R^{-1/2} X'_R$$

图 2.8 利用二阶矩矩阵进行仿射正则化示意图（Mikolajczyk et al.，2005b）

$x'_R = \sqrt{M_R}\, x_R$），正则化后区域间仅存在简单的旋转变换关系 $x'_L = R x'_R$（R 为旋转矩阵）。而旋转变换前后，影像块的特征值比率保持不变。因此，经过仿射正则化后，对应相同物方的影像块之间只存在旋转因子未被解决，该旋转因子能够通过类似于 SIFT 算法中的梯度主方向进行求解。

Lindeberg 等提出的迭代估计法具体步骤如下：

（1）利用 Harris-Laplace 进行特征检测，并选取特征点尺度；

（2）利用 M 估计仿射形状；

（3）将局部仿射区域正则化为圆形区域；

（4）如果变换前后特征点的二阶矩矩阵特征值不相等，则返回第二步迭代。

同理，也可以将该思想应用于 Hessian 算子，得到 Hessian-affine 检测算子。Mikolajczyk 等（2005b）详细对比了 Hessian-affine 检测算法和 Harris-affine 检测算法，发现 Hessian-affine 检测算子往往能够提取出更多的可靠匹配点并且具有更高的重复率。

2. MSER 检测算子

最大稳定极值区域（MSER）检测算子（Matas et al.，2004b）为区域特征检测算子，但是经过椭圆拟合后也可以被看成点特征检测算子。MSER 检测算子的原理与分水岭方法非常类似，通俗地讲，假设对灰度影像进行阈值化处理，小于阈值的像素为黑色，反之为白色；那么，当阈值从小到大连续变化时，白色二值影像中逐渐出现黑色斑点并增长，这些斑点为局部像素极小值；当阈值增加到一定程度，不同的局部像素极小值对应的区域将合并直至全黑。这些局部极小值对应的区域即为极大区域，当阈值改成从大到小变化时，得到的则为极小区域。极值区域（extremal regions，ER）是指区域内部所有像素灰度值都大于（亮极值区域）或者小于（暗极值区域）其外轮廓像素灰度值的区域。当阈值在某个区间内变化时，某些 ER 的变化很小，那么，这些区域即为 MSER。假设用 $\hat{Q}_i$ 表示阈值为 i 时的某一 ER，采用 $\hat{Q}_i$ 的变化率 $\hat{q}_i$ 来判断该 ER 是否为 MSER：

$$\hat{q}_i = |\hat{Q}_{i+\Delta} - \hat{Q}_{i-\Delta}| / |\hat{Q}_i| \tag{2.17}$$

式中：Δ 为细微变化量。当 $\hat{q}_i$ 为 ER 时，$\hat{Q}_i$ 即为 MSER。

MSER 特征具有的特性有 4 个方面。①线性灰度不变性。由 ER 的概念可知，灰度上的单调变化对 ER 没有任何影响，因而对 MSER 也没有影响。②仿射不变性，MSER 特征是仿射共变（affine covariant）的。③MSER 特征为多尺度特征。MSER 无须进行尺度空间构建，MSER 为区域特征，不受影像分辨率影响，既能够检测出大尺寸结构也能检测到精细结构。④效率高。MSER 检测算子比

Hessian-affine 检测算子及 Harris-affine 检测算子运行速度更快。在 Mikolajczyk 等（2005b）的 6 种仿射不变特征的实验对比中，MSER 检测算子在大部分情况下取得了最优的重复率。

2.3　特征点描述符

假设已经从影像中提取得到特征点集，为了增大这些特征之间的区分性，需要利用特征描述子来构建每个特征点的特征向量。如前所述，好的特征描述符应包含 4 个特性：不变性、唯一性、稳定性及独立性。然而，这 4 个特性通常难以同时顾及，一般算法都会在这些特性中进行折中。在过去的几十年间，特征描述符一直是影像匹配与拼接应用的研究热点。特征描述符根据方法类型进行分类，大致可以分为 4 类：①基于滤波的特征描述符，包括 Steerable 滤波（Freeman et al.，1991）、Gabor 滤波（Du et al.，2010）及 Complex 滤波（Baumberg，2000）等；②基于偏导数与矩的特征描述符（Chen et al.，2011）；③基于像素分布特性的特征描述符，比如著名的 SIFT、SURF 描述符等；④基于机器学习的特征描述符（Zeng et al.，2017；Simo-Serra et al.，2015，2014）。尽管机器学习尤其是深度学习在计算机视觉与图像处理的各个领域都展现出了其统治力，但是在影像特征匹配任务中，基于像素分布特性的特征描述符方法还是当今的主流方法。根据特征向量元素的存储类型，又可以将描述方法分为两大类，即浮点型描述符（如 SIFT 和 SURF）和二进制描述符 [如 BRIEF 和快速视网膜关键点（fast retina keypoint，FREAK）]（Lahi et al.，2012）。二进制描述符通常运行效率极高并占用内存较少，比较适用于实时应用；浮点型描述符的时空复杂度较高，但是，浮点型描述符的匹配性能比二进制描述符好，也更加鲁棒。在摄影测量中，匹配精度与鲁棒性比计算速度更为重要。本节将详细介绍几种常用的基于像素分布特性的浮点型特征描述符，主要包括 SIFT、梯度位置-方向直方图（gradient location-orientation histogram，GLOH）（Mikolajczyk et al.，2005a）、SURF 和 AB-SIFT。

上述描述符均采用梯度分布直方图进行特征向量的构建，因而对线性灰度变化具有较好的鲁棒性。影像特征匹配算法的尺度不变性一般通过构建高斯尺度空间来实现，而旋转不变性采用梯度直方图主方向（dominant direction）来实现。对于每个特征点，在进行特征描述之前，需利用该特征点的局部信息计算其主方向，然后根据该主方向选取局部影像块进行梯度直方图统计并构建特征向量，从而实现旋转不变性。

在特征检测阶段，每个特征点不仅包含有位置信息，还带有尺度信息，根据特征点尺度选取与其最接近的高斯尺度空间影像 $L(x,y,\sigma)$，从而实现尺度不变性描述。在该尺度空间影像 $L(x,y,\sigma)$ 上，以特征点位置为中心选取局部影像块，对局部影像块中的每个像素计算梯度大小 $m_{\mathrm{g}}(x,y)$ 和梯度方向 $\theta_{\mathrm{g}}(x,y)$：

$$m_{\mathrm{g}}(x,y)=\sqrt{(L(x+1,y,\sigma)-L(x-1,y,\sigma))^2+(L(x,y+1,\sigma)-L(x,y-1,\sigma))^2} \quad (2.18)$$

$$\theta_{\mathrm{g}}(x,y)=\tan^{-1}((L(x,y+1,\sigma)-L(x,y-1,\sigma))/(L(x+1,y,\sigma)-L(x-1,y,\sigma))) \quad (2.19)$$

然后，统计梯度方向直方图，如图 2.9 所示。该梯度直方图一共有 36 柱（bins），每柱间隔 10°，从而覆盖了整个 0°～360°。值得注意的是，直方图统计过程中并不直接利用上面计算的梯度大小，而是对梯度大小进行了高斯加权。该梯度直方图峰值对应的度数即为该特征点的主方向，为了增加算法的可靠性，还保留了一些局部峰值较大的方向（大于主方向峰值80%方向）作为该特征点的辅助方向。因此，对于具有多个较大局部峰值的梯度方向直方图，将创建多个具有相同位置、尺度，但不同方向的特征点。Lowe（2004）指出，一般只有15%的特征点会被分配多个方向，但是该策略能够大大提升算法的鲁棒性。

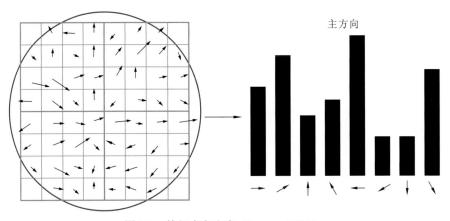

图 2.9　特征点主方向（Lowe，2004）

2.3.1　SIFT 描述符

SIFT 描述符（Lowe，2004）由于其对光照、旋转、尺度及噪声等的鲁棒性，成为计算机视觉、摄影测量与遥感等领域应用最为广泛的特征描述符之一。SIFT 描述符基于规则格网梯度直方图进行特征向量的构建。在前期步骤中，已经获取了特征点的位置、尺度及方向信息。首先根据尺度信息选取用于描述的高斯尺度空间影像；然后以该特征点为中心在该尺度空间影像上铺设规则格网；再利用特征点的主方向将该规则格网进行旋转，使其具有旋转不变性；最后将旋转后的规则格网所覆盖的像素作为描述该特征点的局部影像块并构建 SIFT 特征向量。具体而言，当获取局部影像块后，首先计算该影像块内每个像素的梯度大小和方向，并利用高斯函数（标准差等于影像块宽度的一半）为每个像素的梯度大小赋予权重，离影像块中心越近的权重越大。进行高斯加权是为了防止出现当窗口位置出现细微改变时，特征描述向量出现较大的变化。然后，将该局部影像块划分为 4×4 个子区域，每个子区域统计一个 8 柱梯度直方图，将这些梯度方向直方图向量依次拼接形成 4×4×8 维的特征向量。最后，为了获取特征描述子对光照的仿射不变性，需要进行特征向量的归一化处理。但是，非线性光照变化也时常出现，其会导致某些梯度大小发生较大变化而梯度方向则几乎不变。因此，为了减小特征向量中梯度模值较大元素的影响，特征向量中单个元素的值不得超过 0.2（超过 0.2 的设为 0.2），再次进行归一化处理，得到最终的 SIFT 特征向量。图 2.10 即为 SIFT 描述子的构建示意图，为了直观显示，影像块仅被划分为 2×2 个区域。左侧绿色方框为用于特征描述的局部影像块，箭头长度表示梯度大小，箭头方向为梯度方向，蓝色圆圈表示高斯加权过程；右侧为构建的 SIFT 描述子，每一子区域统计 8 柱梯度直方图。在 SIFT 描述过程中，存在许多精心的细节设计，比如多方向特征点、高斯加权处理、边缘效应处理、大梯度模值处理等，这些精心设计使得 SIFT 描述子成为非常优秀的特征描述子。然而，SIFT 描述子也存在一些缺点，比如计算复杂度高、不具有仿射不变性等。因而，出现了大量的改进方法，比如 PCA-SIFT、ASIFT、径向畸变尺度不变特征变换（radial distortion SIFT，RD-SIFT）（Lourenço et al.，2012）、彩色尺度不变特征变换（color SIFT，CSIFT）（Abdel-Hakim et al.，2006）、PC-SIFT、AB-SIFT 等。

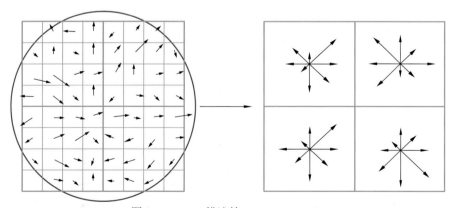

图 2.10　SIFT 描述符（Lowe，2004）

2.3.2　GLOH 描述符

GLOH 描述符（Mikolajczyk et al.，2005b）是 SIFT 描述符的扩展，GLOH 采用对数格网对局部影像块进行划分来取代规则格网划分，旨在提高其鲁棒性和显著性。图 2.11 展示了 GLOH 描述符的构建过程，与 SIFT 一致，利用特征点的位置、尺度与方向信息得到局部影像块并做高斯加权处理。然后，将该影像块沿着径向划分为一个圆形区域和两个圆环区域（对数格网划分，径向圆圈半径分别为 6、11、和 15 个像素），并对每个圆环区域进行 8 方向等分，从而将局部影像块划分为 17 个子区域（图 2.11 右侧图案）。接着，在每一子区域上进行梯度直方图统计，得到 16 维的梯度直方图向量，将所有直方图向量拼接形成一个 $17 \times 16 = 272$ 维的特征向量。该特征向量维度较高，使得算法的时空复杂度也较大。为了降维，GLOH 进行了 PCA 处理，使其维度与 SIFT 描述符一致。作者在一个包含有 47 000 个影像块的数据集上估计 PCA 的协方差矩阵，并选取最大的 128 个特征向量用于最终的 GLOH 构建。最后，与 SIFT 一致，进行大值截断和归一化处理得到最终的 GLOH 特征向量。Mikolajczyk（2005b）对当前主流特征描述方法进行了详细的实验对比，发现基于梯度分布特性的描述符性能明显优于其他方法，而 GLOH 比 SIFT 方法更加显著和鲁棒，在所有对比方法中性能最好，但是，GLOH 的运行效率比 SIFT 还低。

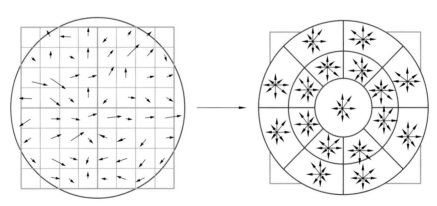

图 2.11　GLOH 描述符（Mikolajczyk et al.，2005b）

2.3.3　SURF 描述符

SURF（Bay et al.，2008）匹配算法为了解决 SIFT 算法运行速度较慢的问题，对特征点提取和描述方法进行了精心的选取与设计。在特征检测阶段，SIFT 算法利用 DoG 来对 LoG 算子进行近似，从而减少算法的运算量；SURF 则更进一步，采用计算量非常小的盒子滤波来近似二阶高斯偏导数，并利用近似后的二阶偏导数进行尺度不变的 Hessian 特征点检测。由于盒子滤波模板具有块状特性，SURF 引入了积分图技术来简化计算。对于矩形窗口内的像素求和问题，一旦积分图构建完成，只需要三次加减法即可完成任务并且与窗口大小无关。图 2.12 展现了利用 9×9 盒子滤波器作为标准差为 1.2 的高斯滤波器的近似，并用于斑点响应图的计算。采用符号 D_{xx}、D_{yy} 和 D_{xy} 分别表示 L_{xx}、L_{yy} 和 L_{xy} 的近似，那么，近似的 Hessian 矩阵行列式为

$$\det(\boldsymbol{H}_{\text{approx}}) = D_{xx}D_{yy} - (w_{\text{surf}}D_{xy})^2 \tag{2.20}$$

式中：w_{surf} 为平衡系数，通常取 0.9。此外，SURF 算法的高斯尺度空间构建方法与 SIFT 有所不同。由于 SURF 算法的宗旨就是在不丢失匹配性能的情况下提升算法的运行速度，其在构建高斯金字塔时，不对影像大小进行降采样，而是通过增大滤波器尺寸来达到类似的结果。

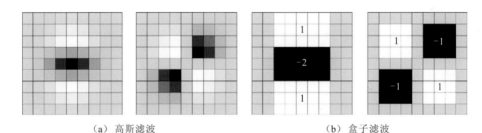

（a）高斯滤波　　　　　　　　　（b）盒子滤波

图 2.12　9×9 盒子滤波器（Bay et al.，2008）

图 2.13 为 SURF 描述符构建示意图。同样，首先根据位置、尺度及方向找到用于特征描述的方形局部影像块，该影像块长宽都为 $20s$，其中 s 为该特征点的尺度。与 SIFT 一致，为了较好地保持空间信息，将该影像块划分为 4×4 个方形子区域。与 SIFT 的梯度直方图不同，SURF 分别计算子区域内 5×5 个空间采样点的 Harr 小波水平和垂直响应值，d_x 和 d_y（垂直和水平相对于特征点方向而言）。为了增加算法对局部几何畸变的抗性，SURF 同样进行了高斯加权处理（标准差等于 $3.3s$）。然后，对子区域内的 d_x 和 d_y 分别求和作为子区域特征向量的前半部分元素；同时，为了反映灰度的极性变化信息，将 d_x 和 d_y 的绝对值求和作为子区域特征向量的后半部分元素。因此，子区域特征向量为 $\left(\sum d_x, \sum d_y, \sum |d_x|, \sum |d_y|\right)$。最后，将这些子区域特征向量依次拼接，得到 4×4×4=64 维特征向量并进行归一化处理，使其具有光照仿射不变性。

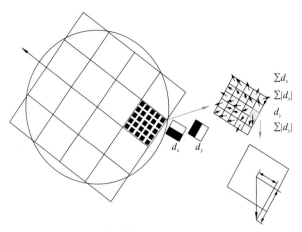

图 2.13　SURF 描述符（Hassaballah et al.，2016）

SURF 算法的匹配性能与 SIFT 非常相近，并且运行速度大约是 SIFT 的 2～3 倍；但是，SURF 对大旋转比较敏感。

2.3.4　AB-SIFT 描述符

遥感影像由于采集传感器、时间及位置等的不同，容易造成严重的辐射及几何畸变，尤其是大视角变化的宽基线影像。对于线性辐射畸变，梯度直方图技术能有效处理，而几何畸变则会对传统 SIFT 描述符带来挑战。通常，局部几何畸变都是呈径向分布，即畸变程度随着与特征点的距离增加而增加。因而，SIFT 和 GLOH 等描述子都利用高斯加权处理来减小远离中心的像素对描述符的影响。尽管高斯加权处理能够提高描述符对局部几何畸变的抗性，但是并没有适当地解决该问题，并且该操作会对描述符的显著性产生影响。

AB-SIFT（Sedaghat et al.，2015）由 Sedaghat 等提出，该方法是 GLOH 描述符的进一步改进，主要用于增加描述符对局部几何畸变的抗性。SIFT 描述符在进行特征描述的过程中，利用规则格网对局部影像块进行划分，并在每个子区域内统计拥有相同柱数的梯度直方图向量。与之不同，AB-SIFT 采用改进的直方图技术来进行特征描述，它采用对数格网区域划分方式，圆环里的格网个数从内到外沿径向依次增加，相反，用于描述的直方图柱数沿径向依次递减。AB-SIFT 描述符的不同圆环内的格网尺寸并不一致。经实验验证，该自适应柱数直方图技术对局部径向几何畸变具有较好的鲁棒性。

图 2.14 为 AB-SIFT 描述符示意图，假设用于描述的局部影像块已经得到（即消除了尺度和旋转的影响），首先，将该圆形局部描述区域沿着径向方向分成 n

个无重叠的圆环 $\hat{R} = \{\hat{r}_1, \hat{r}_2, \cdots, \hat{r}_n\}$。然后，采用基于自适应角度量化策略的对数格网方式来对这些圆环进行划分，其中角度量化数目为 $\hat{M} = \{\hat{m}_1, \hat{m}_2, \cdots, \hat{m}_n\}$。也就是说，某一圆环 $\hat{r}_i$ 会被分成大小相同的 $\hat{m}_i$ 个网格。再次，在每个网格内进行梯度直方图统计，其中梯度直方图柱数量化数目为 $\hat{K} = \{\hat{k}_1, \hat{k}_2, \cdots, \hat{k}_n\}$。即同一圆环 $\hat{r}_i$ 内的格网都采用 $\hat{k}_i$ 柱数的直方图进行描述（如图 2.14 右侧所示）。最后，将所有网格内的直方图向量依次拼接并归一化，形成最终的特征描述向量。表 2.1 列出了 AB-SIFT 描述符的参数默认值，AB-SIFT 特征向量维度为 128 维。

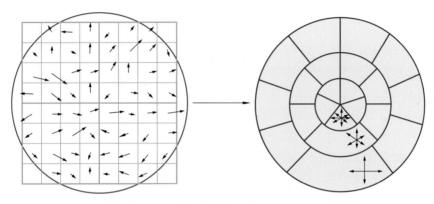

图 2.14　AB-SIFT 描述符（Sedaghat et al.，2015）

表 2.1　AB-SIFT 的参数设置

参数名	符号	默认值
径向量化数目	n	3
格网量化数目集合	$\hat{M}$	$\hat{M} = \{5, 8, 10\}$
直方图柱数集合	$\hat{K}$	$\hat{K} = \{8, 6, 4\}$
描述子维度	Dim	$(5 \times 8 + 8 \times 6 + 10 \times 4) = 128$

2.4　匹配点粗差剔除

在理想情况下，影像对之间不存在任何的辐射畸变和几何畸变，因而可以完全精确配准。然而，第 1 章就分析得出这种理想情况在实际条件下是不可能达到的。由影像匹配方法得到的初始匹配对中必然包含有噪声和粗差（错误匹配对）（袁修孝 等，2005）。这些粗差点将严重影响后续的几何模型估计及摄影测量空三等的精度，因而，剔除错误匹配对非常重要。在计算机视觉领域，一般利用假设检验技术进行几何模型估计并剔除粗差，比如 RANSAC 算法；在摄影测量与遥感领域，通常采用选权迭代法在平差的过程中来发现并剔除粗差。这两种错误匹配剔除方法都是基于几何模型估计的，只适用于刚性形变影像匹配问题。近年来，非刚性形变影像匹配问题得到了更多关注，比如图匹配方法（Foggia et al.，2014）和向量场一致性法（VFC）（Ma et al.，2014）等。下面，将对上述提及的有参和无参方法进行介绍与总结。

2.4.1 RANSAC 类方法

RANSAC 算法早在 1981 年就被提出，其思想非常简单巧妙，主要用于包含有噪声及粗差的数据的模型拟合，比如直线拟合、平面拟合、单应矩阵估计等。利用 RANSAC 方法来剔除匹配点粗差的基本原理为：首先，在初始匹配对集合中随机选取一个最小子集并计算匹配点间的几何关系模型（仿射变换、投影变换或者单应变换等）；然后，将计算所得模型应用于剩余匹配点中，统计残差小于阈值的匹配点作为正确集。重复以上过程多次，选取正确集中匹配点个数最多的集合作为最终匹配点集。以仿射变换为例，RANSAC 算法进行错误匹配剔除的详细步骤总结如下（假设初始匹配点集 S_{PQ} 已经由特征匹配方法得到）。

（1）从 S_{PQ} 中随机选取 3 个匹配对构成最小子集 $S_{\min} \subset S_{PQ}$，并利用 $S_{\min}$ 求解仿射变换 $T_{\min}$；

（2）根据 $T_{\min}$ 计算 S_{PQ} 中匹配点残差，通过给定阈值 ε 统计出满足该模型的匹配点，这些满足模型的匹配对构成一致集；

（3）如果一致集中匹配对个数大于特定阈值，则保留该一致集与其对应的模型参数，继续执行步骤（1）和（2）；

（4）若随机采样次数达到设定的最大值，选取具有最多匹配对个数的一致集作为正确的一致集，并重新计算仿射变换参数用于剔除错误匹配对，否则若未找到一致集，算法失败。

尽管上述标准 RANSAC 方法表现良好，但是仍然存在不足。比如，最小子集的选取完全随机，而在实际应用中，数据间可能存在关联；阈值参数较多，不同阈值对算法影响较大，而合适的阈值难以选取。这些不足将会导致模型估计的精度与效率降低。在过去的几十年间，涌现了许多 RANSAC 变种方法（Raguram et al.，2013，2011；Choi et al.，2009；Chum et al.，2005，2003；Matas et al.，2004a；Torr et al.，2000）。最大似然随机采样一致性（maximum likelihood estimation by sample and consensus，MLESAC）（Torr et al.，2000）算法在 RANSAC 的基础上引入了概率统计的思想，利用似然性对每次采样计算的模型进行评估，即

MLESAC 是最大化似然性，而 RANSAC 则是最大化一致集中元素个数。渐进采样一致性（progressive sample consensus，PROSAC）（Chum et al.，2005）算法针对影像匹配问题进行了专门设计，主要改进了 RANSAC 的随机采样步骤。其充分利用了匹配点的局部相似度，首先根据匹配点的相似度进行排序，优先采样相似度高的点形成最小集进行模型估计。局部最优 RANSAC（locally optimized RANSAC，LO-RANSAC）（Chum et al.，2003）算法通过增加一个局部优化阶段来增强标准 RANSAC 算法，该策略能大大减少采样次数。从结果上看，PROSAC 和 LO-RANSAC 都显著降低了 RANSAC 的计算复杂度。稳健随机采样一致性（stable random sample consensus，STARSAC）（Choi et al.，2009）算法针对 RANSAC 算法中的阈值 $\hat{\varepsilon}$ 进行改进，在初始阈值范围内，多次变化阈值并执行 RANSAC 算法，从而求解最优模型。该算法无需设置阈值 $\hat{\varepsilon}$，有效避免了由阈值设置不当造成的模型精度较低。然而，该方法多次运行 RANSAC，大大增加了其计算复杂度。同样，残差一致性（REsidual CONsensus，RECON）（Raguram et al.，2011）算法利用残差一致性来消除阈值 $\hat{\varepsilon}$，其根据数据残差的连续性来判断模型的好坏。普适随机采样框架（universal framework for RANSAC，USAC）（Raguram et al.，2013）综合多种 RANSAC 改进算法，包括工程及计算等方面的技巧，提出一种通用的 RANSAC 模型估计框架。

　　RANSAC 及其变种算法都可以看成是基于数据驱动的模型估计方法，所以当粗差点比例小于 50%时，该类算法都比较稳定可靠。然而，该类方法普遍存在两个大的缺点：①它们仅用最小集来估计模型参数，并非所有数据参与模型计算，因而可能对噪声比较敏感，容易收敛到局部极值解，其解并非最优模型；②此类方法对数据中的粗差比率较为敏感，当粗差比例较高时（比如 70%以上），该类方法难以正确求解模型参数。

2.4.2 鲁棒估计方法

1. M-估计与选权迭代法

　　M-估计可以理解为最大似然估计的泛化，是抗差估计中的常用方法（Chin et al.，2017，2015）。M-估计的数学形式如下：

$$\min_{\boldsymbol{x}\in\mathbb{R}^d}\sum_{i=1}^{N}\rho(|\hat{\boldsymbol{a}}_i^{\mathrm{T}}\boldsymbol{x}-\hat{b}_i|) \tag{2.21}$$

式中：$\mathbb{R}^d$ 为 d 维实数空间；$\rho(r)$ 为对称正定函数，存在唯一最小值，其中 $r=\left|\hat{\boldsymbol{a}}_i^{\mathrm{T}}\boldsymbol{x}-\hat{b}_i\right|$ 为观测值残差；N 为观测值数目；$\{(\hat{\boldsymbol{a}}_i,\hat{b}_i)\}_1^N$ 为观测值；$\boldsymbol{x}$ 为未知数，

即待估参数。$\rho(r)$ 计算每个残差对整个估计系统的影响。

假设 $\rho(r) = r^2/2$，那么，上述公式则为标准的最小二乘估计。由于最小二乘函数呈二次方增加且无边界，其不具有鲁棒性。若设为 $\rho(r) = |r|$，则变成最小一乘法（least absolute deviations，LAD）估计。该函数为 r 的线性函数，仍然无法消除粗差的影响。反观 M-估计，则具有较好的鲁棒性，它们的断点高达 50%，即能处理小于 50% 的粗差。表 2.2 给出了一些常用的 M-估计及其对应权函数。以回降 M-估计（redescending M-estimators）Tukey 函数为例，其标量数学公式为

$$\rho(r) = \begin{cases} \dfrac{c^2}{6}\left(1 - \left(1 - \left(\dfrac{r}{c}\right)^2\right)^3\right), & |r| \leqslant c \\ \dfrac{c^2}{6}, & \text{其他} \end{cases} \tag{2.22}$$

式中：c 为残差阈值。如图 2.15 所示，当 $|r| \leqslant c$ 时，该函数随着 $|r|$ 递增；当 $|r| > c$ 后，函数保持定值。由于上式 $\rho(r)$ 为非凸函数，那么，其求和函数（公式）势必也为非凸函数。

表 2.2 常用 M-估计

类型	$\psi(v)$	$w(v)$
l_1-l_2	$2(\sqrt{1 + v^2/2} - 1)$	$1/\sqrt{1 + v^2/2}$
Fair	$c^2(|v|/c - \log(1 + |v|/c))$	$1/(1 + |v|/c)$
Huber $\begin{cases} \text{当}\|v\| \leqslant c \\ \text{当}\|v\| > c \end{cases}$	$\begin{cases} v^2/2 \\ c(|v| - c/2) \end{cases}$	$\begin{cases} 1 \\ c/|v| \end{cases}$
Cauchy	$(c^2/2)\log(1 + (v/c)^2)$	$1/(1 + (v/c)^2)$
Geman-McClure	$v^2/(2(1 + v^2))$	$1/(1 + v^2)^2$
Welsch	$(c^2/2)(1 - \exp(v/c)^2)$	$\exp((v/c)^2)$
Tukey $\begin{cases} \text{当}\|v\| \leqslant c \\ \text{当}\|v\| > c \end{cases}$	$\begin{cases} \dfrac{c^2}{6}(1 - (1 - (v/c)^2)^3) \\ c^2/6 \end{cases}$	$\begin{cases} (1 - (v/c)^2)^2 \\ 0 \end{cases}$

目前，通常将迭代加权最小二乘法（iteratively reweighted least squares，IRLS）（Bjorck，1996）作为求解该非凸公式的标准方法。IRLS 在摄影测量中也称为选权迭代法。选权迭代法通常首先将权值设为单位权进行最小二乘平差，然后利用平差结果，按照预先选定的权函数对观测值权进行更新，并利用新的权值进行最

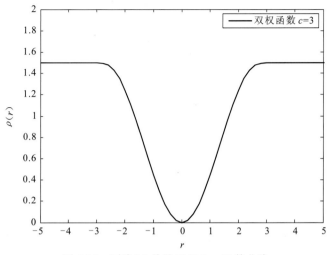

图 2.15   回降 M-估计子 Tukey 函数曲线

小二乘平差；重复该过程直至平差系统收敛。选权迭代法的基本思想可以总结为：在迭代过程中，通过残差对权值更新以达到给粗差赋予小权值（接近 0），可靠观测赋予大权值（接近 1）的目的，从而使得粗差不参与最终的平差解算。

其详细步骤总结如下：

（1）根据目标函数列误差方程式，选取合适的权函数（表 2.2 列出了常用的权函数）（Rousseeuw et al.，2005），并将观测值初始权值赋为 1；

（2）求解误差方程式的法方程，并计算观测值残差；

（3）利用所选权函数对权值进行更新；

（4）重复步骤（2）～（3），直至相邻两次迭代解的差值符合限差；

（5）将最终解作为模型估计结果，将最终权值接近 1 的作为可靠观测值。

上述标准的选权迭代法也存在一些变种，比如李德仁法（袁修孝 等，2005）基于验后方差估计的思想提出了改良的选权迭代法。但是，选权迭代法及其变种都存在一个致命的缺陷，即选权迭代法在理论上只能处理不高于 50%的粗差点，也就是说，当粗差比例大于 50%时，该法完全失效。其次，选权迭代法中合适的权函数难以选择，不同权函数可能导致差别较大的结果。

2. 最小中值二乘（LMedS）

最小中值二乘（least median squares，LMedS）是另一种广泛运用的抗差估计方法，其数学定义如下：

$$\min_{\boldsymbol{x}\in\mathbb{R}^{d}} \underset{i=1,2,\ldots,N}{\mathrm{median}} |\hat{\boldsymbol{a}}_{i}^{\mathrm{T}}\boldsymbol{x} - \hat{b}_{i}| \tag{2.23}$$

从该式可以直观地看出，LMedS 方法的鲁棒性源于其只考虑半数观测值的事实。

然而，正是由于该事实，LMedS 在理论上存在断点 50%，与选权迭代法（M-估计子）一致，仅适用于粗差比例不高于 50%的情况。由于中值操作（median operator）的不可微分特性，LMedS 通常无法进行解析求解，比如采用 IRLS 求解。最原始的用于求解 LMedS 的方法叫作鲁棒回归程序（program for robust regression，PROGRESS）（Rousseeuw，2005），该方法与 RANSAC 思想类似，都是基于随机假设检验技术的方法。

Lee 等（1998）对 LMedS 估计子进行了泛化，提出了更具一般性的最小 k 阶统计量（least k-th order statistic，LkOS）估计子，LkOS 的数学定义为

$$\min_{\boldsymbol{x} \in \mathbb{R}^d} v_k (|\hat{\boldsymbol{a}}_1^{\mathrm{T}} \boldsymbol{x} - \hat{b}_1|, |\hat{\boldsymbol{a}}_2^{\mathrm{T}} \boldsymbol{x} - \hat{b}_2|, \cdots, |\hat{\boldsymbol{a}}_N^{\mathrm{T}} \boldsymbol{x} - \hat{b}_N|) \tag{2.24}$$

式中：函数 v_k 的作用是寻找出给定数组中第 k 小的数值。LkOS 方法也存在断点，其断点为 $\min(k/N, 1-k/N)$。Lee 等（1998）还给出了 LkOS 求解方法，该方法能够根据数据自身特点自适应地选取最合适的 k 值，其核心步骤本质上依然是随机采样方法。随后，出现了很多 LkOS 估计子的快速求解方法。但是，这些方法都是专门为二维直线拟合问题设计的，将其推广到更加复杂的模型估计问题中，算法的时间复杂度将成倍增加。

2.4.3 非几何模型方法

由上述可知，无论 RANSAC 方法还是鲁棒性估计子，它们都需要知道观测值之间所满足的几何模型。然而，对于鲁棒性影像匹配问题，若影像对间存在非刚性形变并且形变难以通过某一特定数学函数建模，那么，基于参数模型的方法将无法适用。非刚性匹配问题在摄影测量中也存在，比如全景影像 SLAM、全景影像场景识别等，全景影像存在较大几何畸变。若要使用传统粗差剔除算法，比如选权迭代法，则必须获取相机内参数与全景影像的对极几何模型，然而，全景影像的对极几何非常复杂，并且与其全景投影成像方式有关，这将大大增加 SLAM 闭环检测、场景识别等应用的工作量。近年来，非刚性形变的匹配问题在计算机视觉领域成为了热点研究问题，涌现了许多出色的算法，比如基于图匹配技术的方法、薄板样条模型法及向量场一致性方法等。这些非几何模型方法难以对匹配对进行定量评估，其结果中通常包含有一定量的低精度噪声匹配点。对于对点位精度要求不高的应用（比如场景识别），非几何模型方法比较适用；然而，难以适用于对点位精度要求较高的应用（比如三维重建）。因而，非几何模型方法不作为本书的主要研究内容，下面仅对计算机视觉领域常见且有效的非几何模型方法进行概述。

非几何模型方法不仅适用于刚性形变影像还适用于非刚性匹配问题，在计算机视觉领域得到了广泛运用。图匹配技术（graph matching）（Foggia et al.，2014）则是非刚性匹配最常用的方法，其核心思想是将每幅影像的特征点用一个图结构进行描述，然后通过全局优化来最小化两个图结构之间的结构畸变（structural distortions），从而筛选出正确同名点对。图匹配技术的发展历史已有 30 多年，发展出了一系列算法。例如，Torresani 等（2008）提出了对偶分解图匹配技术，该技术根据特征点的空间排列关系、纹理相似性及几何一致性约束来构建代价函数。Cho 等（2014）引入了最大池策略（max-pooling）来进行图匹配。该方法利用相对可靠的相邻匹配点来对候选匹配点进行打分，并通过得分来进一步更新其相邻匹配点。渐进图匹配（progressive graph matching，PGM）（Cho et al.，2012）是图匹配技术的进一步发展，其交替执行图概率级数和图匹配两大步骤。在 PGM 的图匹配步骤中，可以选取不同的匹配策略，比如重加权随机游走法（reweighted random walk，RRWM）（Cho et al.，2010）、整数投影定点法（integer projected fixed-point，IPFP）（Leordeanu et al.，2009）、张量匹配法（tensor matching，TM）（Duchenne et al.，2011），以及最小生成树诱导三角剖分法（minimum spanning tree induced triangulation，MSTT）（Lian et al.，2012）。除了图匹配技术，还有很多其他的非参数方法，比如，Cho 等（2009）还将影像匹配看作聚类问题，在分层聚类（hierarchical agglomerative clustering，ACC）框架下提出了一个新的链接模型和差异性度量。Lian 等（2017）通过消除变换变量，将鲁棒性匹配问题归结为凹二次分配问题，并提出了基于矩形细分的全局最优分枝定界方法（branch-and-bound）。Jian 等（2011）利用两个高斯混合模型（Gaussian mixture models，GMM）来分别表示两个初始匹配点集，并通过最小化其统计差异度量来对齐这两个高斯混合模型。Ma 等（2014）通过向量场来估计正确匹配点一致集，提出了向量场一致性方法，采用 EM 算法来计算一个贝叶斯模型的最大后验概率。VFC 的作者还提出了 L2E（Ma et al.，2015b）估计用于非刚性影像点集匹配问题，其假定正确匹配对的噪声服从零均值高斯分布。随着近景摄影测量应用的日益广泛，非几何模型方法已经开始在摄影测量和遥感领域中发挥起作用，将来也极可能成为该领域的一大研究热点。

2.5　本 章 小 结

本章目的在于：①总结鲁棒性特征匹配算法基本框架，为后续研究理清脉络；②对鲁棒性特征匹配算法的每个步骤进行详细探讨，对重要的相关工作进行总结，为后续章节的理解打下基础。针对目的①，给出了比较全面的算法框架示意图，主要包含两大步骤，即初始特征点匹配和匹配点粗差剔除，其中，初始特征点匹配步骤又分为特征点检测、特征点描述、特征向量匹配三步。并对每一小步骤进行了详细讲解，分析了哪些步骤可能成为主要研究点。针对目的②，本章将每一步骤中里程碑似的工作、常用的工作、最新的工作都进行了详细的综述，让读者对鲁棒性特征匹配的发展历程有了全面的了解，并且对重要的算法细节有更深刻的认识，从而为后续章节的理解奠定基础。比如，在特征点检测步骤中，不仅详细介绍了单尺度的特征点检测子，还介绍了多尺度及仿射不变检测子，并对各种检测子的优缺点及其适用情况进行了详细分析，从而为特定应用选取合适的方法提供依据。

第3章　基于最大值索引图的辐射不变特征匹配

由第 2 章可知，经典的特征检测与描述方法只对线性辐射差异具有较好的抗性，而对非线性辐射差异比较敏感。领域内通常用"多模态影像"这一术语来表示存在较大非线性辐射差异的多传感器影像。多模态影像的特征匹配问题是一个难点问题和瓶颈问题，目前尚无任何影像匹配方法能够在不需要精确的几何地理信息前提下进行不同类型的多模态影像匹配，比如光学影像与光学影像、光学影像与红外影像、光学影像与激光点云深度图、光学影像与 SAR 影像、光学影像与夜光影像及光学影像与地图的匹配。

本章正是针对非线性辐射畸变问题，提出基于最大值索引图的辐射不变特征匹配方法，该方法能同时有效地适用于上述 6 种多模态影像对，实验表明：所提方法性能远远优于经典特征匹配方法。

3.1　相位与相位一致性

经典的影像特征匹配方法一般都是依赖于影像的灰度或者梯度信息，这些信息都是影像的空间域信息。除了空间域信息，影像还可以利用频率域信息进行描述，比如相位信息。Oppenheim 等（1981）首次揭示了相位信息对影像特征保持的重要性；Morrone 等（1987）对该观点进行了进一步的生理学证明，其发现影像中的某些点能够引起人类视觉系统的强烈响应，而这些点通常具有高度一致的局部相位信息。因而，学者将影像点在不同角度下的局部相位信息的一致性程度称为相位一致性（phase congruency，PC），并用于边缘特征检测任务中。正是由于影像相位信息对人类视觉感知具有极其重要的作用，并且对影像对比度、光照、尺度等变化具有较高的不变性，使得相位信息被用于影像特征匹配中。基于相位信息的匹配方法发展历程较晚且研究相对较少，其理论依据是傅里叶变换定理。傅里叶变换能够将影像分解为幅度分量与相位分量。相比于影像的幅度分量，相位分量包含的有效信息量更多。通常，幅度分量决定了影像的像素灰度变化，而相位分量则对应于影像的结构信息，因而，基于相位信息的匹配方法对非线性像素灰度变化具有较好的鲁棒性。

3.1.1 相位的重要性

Oppenheim 等（1981）对信号相位分量的重要性进行了详细的分析，其表示：利用傅里叶变换来描述信号（包括一维信号、二维信号甚至多维信号），频谱幅度和相位分量通常作用不同，相位能够保留信号的许多重要特征。换言之，若丢弃频谱幅度分量，信号的重要特征可能不会丢失，反之则不行。

在影像匹配问题中，对于给定的一幅影像 I，其傅里叶变换为 $F(I) = |F(I)|\mathrm{e}^{-j\phi(I)}$，其中，$F(I)$ 和 $\phi(I)$ 分别为频谱的幅度和相位分量。下面，将以图 3.1 中示例来说明相位的重要性，以此来阐述本节采用相位信息进行特征匹配的内在原由。如图 3.1 所示，假设有两幅毫无相关的影像 I_1 和 I_2（影像 I_1 为医学眼球影像，影像 I_2 为 SAR 遥感卫星影像），首先进行傅里叶变换，得到影像 I_1 和 I_2 各自对应的幅度（$|F(I_1)|$ 和 $|F(I_2)|$）与相位（$\phi(I_1)$ 和 $\phi(I_2)$）分量；然后，保持影像 I_1

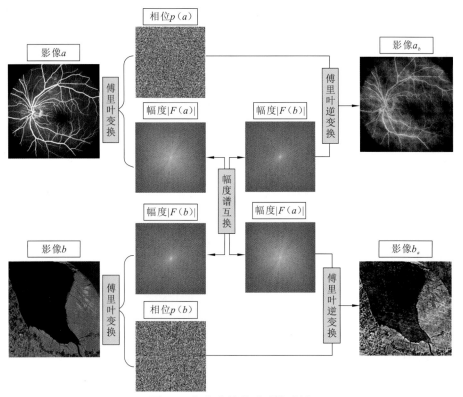

图 3.1　相位分量的重要性示例

和 I_2 对应的相位分量不变，交换其对应的幅度分量；最后，利用各自的新幅度分量和原始相位分量进行逆傅里叶变换，合成新影像 $(I_1)_{I_2}$ 和 $(I_2)_{I_1}$。由合成影像 $(I_1)_{I_2}$ 和 $(I_2)_{I_1}$ 可以清晰地看出，$(I_1)_{I_2}$ 保持了影像 I_1 中眼球血管结构，而 $(I_2)_{I_1}$ 保持了影像 I_2 中的海岸线结构。换言之，影像 $(I_1)_{I_2}$ 与 I_1 具有较高的相似性，同理，影像 $(I_2)_{I_1}$ 与 I_2 相似度较高。这不仅说明了相位能够很好地保持影像中的边缘及结构信息，还说明了相位对于一幅影像而言比幅度更加重要，更有利于重要特征的提取。

3.1.2　相位一致性 PC_1

Morrone 等（1986）对马赫带（Mach bands）现象的研究发现马赫带不同于边缘，但它们都与频谱相位相关，进而促使了相位一致性度量的发展。Morrone 等（1987）给出了相位一致性的雏形，并提出了局部能量模型。通常的特征检测方法（如第 2 章中回顾的特征检测算子）都是通过获取具有最大灰度或者梯度信息的点作为特征点，与之不同，局部能量模型认为影像特征点的相位具有高度一致性。随后，Morrone 等（1988）、Venkatesh 等（1989）、Wang 等（2011）及 Kovesi（2000，1999）等众多研究工作对局部能量模型及相位一致性度量进行了发展与延伸。图 3.2 给出了相位一致性示例，该示例将方波进行傅里叶级数分解，得到一系列的正弦波（图中虚线所示）。可以看到，对于方波而言，各个正弦谐波分量在信号阶跃点（边缘特征）处的相位一致性程度很高（均为 0° 或者 180°，其值由阶跃点处于下降沿还是上升沿决定），而对于其他信号点位，相位难以达到较高的一致性。不仅仅是方波存在该特性，三角波也存在相位一致性特性，其通

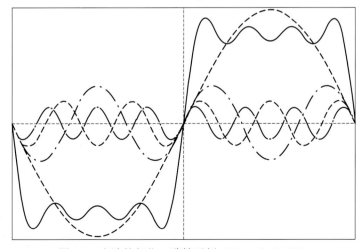

图 3.2　方波的相位一致性示例（Kovesi，2000）

常在波谷和波峰时取得最大相位一致性（相位为 90° 或者 270° 处）。相位一致性与波形的形状无关，因而，将其用于特征检测比较稳定可靠。

相位一致性与傅里叶变换紧密相关。以一维信号 $F(x)$ 为例，其傅里叶级数分解为

$$F(x) = \sum_n A_n \cos(\phi_n(x)) \tag{3.1}$$

式中：A_n 和 $\phi_n(x)$ 分别为傅里叶分解的第 n 分量的幅度与相位。那么，相位一致性 PC_1 的数学定义为

$$PC_1 = \frac{|E(x)|}{\sum_n A_n(x)} \tag{3.2}$$

式中：$|E(x)| = \sum_n A_n \cos(\phi_n(x) - \overline{\phi}(x))$ 为局部能量，$\overline{\phi}(x)$ 为所有相位分量的加权平均值。图 3.3 直观地给出了局部能量、傅里叶分量幅值之和及相位一致性 PC_1 之间的关系。图中噪声圆（noise circle）为噪声能量期望，局部傅里叶分量以复数向量表示，将这些复数向量首尾相连得到向量 $E(x)$，局部能量即为 $E(x)$ 的幅值。根据 PC_1 的定义可知，PC_1 即为局部能量幅值与傅里叶分量幅值之和的比值。该比值越大，相位的一致性程度则越高，当比值为 1 时，各个傅里叶分量的相位相同（与 $E(x)$ 的相位也相同），从而 PC_1 的值达到最大；反之，如果傅里叶分量的相位各不相关，则该比值取得最小值 0。

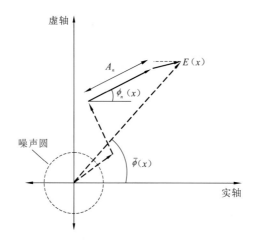

图 3.3　相位一致性与局部能量模型示意图（Kovesi，2000）

由上述 PC_1 公式定义及图 3.3 中的物理意义解释，可以总结得出以下两点结论。

（1）PC_1 与局部能量呈正比。因而，最大化相位一致性等价于最大化局部能量函数。

（2）PC_1 可以看作利用傅里叶分量幅值之和进行归一化后的局部能量函数。换言之，PC_1 独立于信号幅值，因而对影像像素的灰度变化、光照变化等具有非常好的鲁棒性，适用于多种类型的影像数据。

综上所述，PC_1 的最终形式为

$$PC_1(x) = \max_{\bar{\phi}(x) \in [0,2\pi)} \left\{ \frac{\sum_n A_n \cos(\phi_n(x) - \bar{\phi}(x))}{\sum_n A_n(x)} \right\} \tag{3.3}$$

3.1.3　基于小波的相位一致性 PC_2

上述相位一致性度量 PC_1 通常局部特性（localization）较差，并且对噪声非常敏感。针对这些问题，Kovesi（2003）提出了改进后的相位一致性度量 PC_2，其利用多尺度多方向的 Log-Gabor（Field，1987）滤波器来计算 PC_2。

1. Log-Gabor 滤波器

计算相位一致性必须获取信号的局部频率信息，而相位分量则为原始信号经过滤波器卷积后的输出。因而，滤波器不仅应具有较好的空间域局部特性，还需具有一定的频率域局部特性。一般而言，小波变换即为最好的选择，因为它同时具有较好的空间与频率域局部特性，其本质特征就是对信号进行多尺度分析。此外，滤波卷积必须保持原始相位信息，因而必须采用线性相位滤波，这就要求所采用的小波函数必须是对称的（symmetric）或者反对称的（anti-symmetric）。该约束意味着正交的小波变换不适用于 PC_2 的计算。复数值的 Gabor 小波不是正交波，比较符合上述要求。然而，Gabor 滤波器存在较大缺陷：Gabor 滤波器的频谱覆盖面较窄，仅约为 1 倍频程（octave），通常需要构建多个滤波器来提升其频谱覆盖面。最终，Kovesi 建议采用 Log-Gabor 滤波器计算 PC_2，因为 Log-Gabor 函数能够构造任意带宽的滤波器。Log-Gabor 滤波器的数学公式如下：

$$LG(\hat{w}) = \exp\left(\frac{-[\ln(\hat{w}/\hat{w}_0)]^2}{2[\ln(\sigma_{\hat{w}}/\hat{w}_0)]^2} \right) \tag{3.4}$$

式中：$\hat{w}$ 为频率；$\hat{w}_0$ 为 Log-Gabor 滤波器的中心频率；$\sigma_{\hat{w}}$ 为与带宽相关的系数。通常，为了不改变滤波器形状，即使中心频率 $\hat{w}_0$ 不同，$\sigma_{\hat{w}}/\hat{w}_0$ 的值必须为常量不变。比如，为保证滤波器带宽约为 1 倍频程，$\sigma_{\hat{w}}/\hat{w}_0$ 需取值 0.75；滤波器带宽约为 2 倍频程时，$\sigma_{\hat{w}}/\hat{w}_0$ 需取值 0.55。

Log-Gabor滤波器经过逆傅里叶变换可以得到其对应的空间域滤波器。如图3.4所示，在空间域中，Log-Gabor滤波器的实部为偶对称小波（even-symmetric wavelet），虚部对应于奇对称小波（odd-symmetric wavelet）。

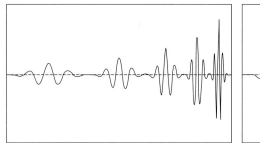 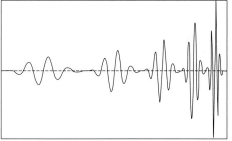

（a）偶对称小波　　　　　　　　　　　　（b）奇对称小波

图 3.4　偶对称小波与奇对称小波（Kovesi，2000）

影像数据为二维信号，为了计算影像的相位一致性 PC_2，需要将上述一维的 Log-Gabor 滤波器进行扩展。在计算 PC_2 过程中，需要将信号的相位偏移 90°，该过程是通过奇对称滤波器实现的。然而，对于二维影像信号，无法构造具有旋转对称性的奇对称滤波器。因而，Kovesi 建议在不同方向上进行一维分析，并对结果进行综合。二维滤波器一般可以通过对一维 Log-Gabor 滤波器的垂直方向进行高斯传播得到，即切向分量按照原始一维 Log-Gabor 滤波器构造，径向则采用高斯传递函数构造：

$$G(\theta) = \exp\left(\frac{-(\theta - \theta_0)^2}{2\sigma_\theta^2}\right) \tag{3.5}$$

式中：θ_0 为滤波方向；σ_θ 为高斯函数标准差。最终，二维频域 Log-Gabor 滤波器公式为

$$\mathrm{LG}(\hat{w}, \theta) = \mathrm{LG}(\hat{w})G(\theta) \tag{3.6}$$

2. 影像二维相位一致性 PC_2

Kovesi 基于 Log-Gabor 滤波器推导了改进后的一维与二维相位一致性 $PC_2(x)$，对于一维信号 $F(x)$，$PC_2(x)$ 的数学模型如下：

$$PC_2(x) = \frac{\sum_n W(x)\left\lfloor A_n(x)\Delta\Phi_n(x) - \hat{T}\right\rfloor}{\sum_n A_n(x) + \xi} \tag{3.7}$$

式中：$W(x)$ 为一维频率扩展权重因子，其作用是给由多个频率得到的相位一致性较大的权值，给单一频率得到的相位一致性较小的权值；A_n 为第 n 个尺度的小波

变换后幅度；ξ 为小正值，其作用是防止除数为 0；$\hat{T}$ 为噪声补偿项；$\lfloor \cdot \rfloor$ 算子是防止表达式取得负值，即当算子内部表达式值为负时取 0；$\Delta \Phi_n(x)$ 为一维相位偏差函数。由于本书研究对象为二维影像信号，下面将详细讲述二维相位一致性 $PC_2(x,y)$。假设用符号 $I(x,y)$ 表示二维影像信号，$M^e_{n\bar{o}}$ 和 $M^o_{n\bar{o}}$ 分别表示第 n 尺度、第 $\bar{o}$ 方向的偶对称和奇对称 Log-Gabor 小波。将这两个小波函数与影像信号卷积分别得到响应分量 $e_{n\bar{o}}(x,y)$ 和 $o_{n\bar{o}}(x,y)$：

$$[e_{n\bar{o}}(x,y), o_{n\bar{o}}(x,y)] = [I(x,y) * M^e_{n\bar{o}}, I(x,y) * M^o_{n\bar{o}}] \tag{3.8}$$

那么，影像经尺度为 n，方向为 $\bar{o}$ 的小波变换后的幅度与相位分别为

$$A_{n\bar{o}}(x,y) = \sqrt{e_{n\bar{o}}(x,y)^2 + o_{n\bar{o}}(x,y)^2} \tag{3.9}$$

$$\phi_{n\bar{o}}(x,y) = \arctan(o_{n\bar{o}}(x,y) / e_{n\bar{o}}(x,y)) \tag{3.10}$$

综合考虑各个方向的分析结果，Kovesi 提出的改进后二维相位一致性模型 PC_2 为

$$PC_2(x,y) = \frac{\sum_n \sum_{\bar{o}} W_{\bar{o}}(x,y) \lfloor A_{n\bar{o}}(x,y) \Delta \Phi_{n\bar{o}}(x,y) - \hat{T} \rfloor}{\sum_n \sum_{\bar{o}} A_{n\bar{o}}(x,y) + \xi} \tag{3.11}$$

式中：$W_{\bar{o}}(x,y)$ 为二维频率扩展权重因子；$\Delta \Phi_{n\bar{o}}(x,y)$ 为二维相位偏差函数，其数学定义为

$$\begin{aligned} A_{n\bar{o}}(x,y) \Delta \Phi_{n\bar{o}}(x,y) = &(e_{n\bar{o}}(x,y)\bar{\phi}_e(x,y) + o_{n\bar{o}}(x,y)\bar{\phi}_o(x,y)) \\ &- |(e_{n\bar{o}}(x,y)\bar{\phi}_o(x,y) - o_{n\bar{o}}(x,y)\bar{\phi}_e(x,y))| \end{aligned} \tag{3.12}$$

式中：$\bar{\phi}_e(x,y) = \sum_n \sum_{\bar{o}} e_{n\bar{o}}(x,y) / E(x,y)$；$\bar{\phi}_o(x,y) = \sum_n \sum_{\bar{o}} o_{n\bar{o}}(x,y) / E(x,y)$；二维局部能量函数计算公式为 $E(x,y) = \sqrt{\left(\sum_n \sum_{\bar{o}} e_{n\bar{o}}(x,y)\right)^2 + \left(\sum_n \sum_{\bar{o}} o_{n\bar{o}}(x,y)\right)^2}$。

为了更加直观地理解影像的相位一致性 PC_2，图 3.5 给出了一个多模态影像对示例。该影像对由一幅 SAR 卫星影像和一幅谷歌地图构成，影像对间存在巨大的辐射差异。图中第三列为两幅影像对应的相位一致性图，可以看出，两幅相位一致性图中的内容高度相似，都很好地包含了原始影像中的结构信息，对边缘保存较好。正是由于该特性，相位一致性对非线性辐射畸变具有较好的鲁棒性。反观图中第二列的梯度图，两幅梯度图的内容相差很大，很难将其匹配起来，表明了梯度信息对非线性的辐射畸变非常敏感，这正是目前经典方法难以用于多模态影像匹配的本质原因所在。

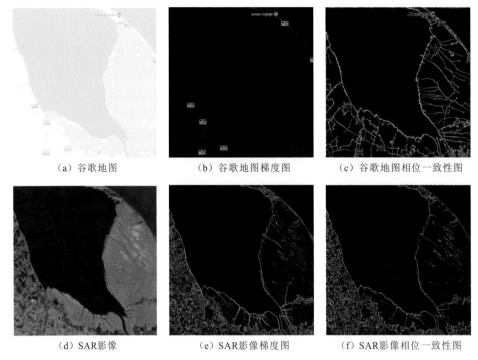

（a）谷歌地图   （b）谷歌地图梯度图   （c）谷歌地图相位一致性图

（d）SAR影像   （e）SAR影像梯度图   （f）SAR影像相位一致性图

图 3.5 相位一致性图与梯度图

3.2 基于最大值索引图的特征匹配

本节将对所提辐射不变特征匹配方法进行详细的描述，包括特征检测与特征描述。在进行本节方法描述之前，首先对相关的目前最先进的方法进行回顾与总结，分析其优缺点，进而展现出所提方法的创新与性能优势。

3.2.1 相关方法回顾

本章旨在解决影像匹配中的辐射畸变问题，尤其是非线性辐射畸变问题。多模态影像属于典型的非线性辐射畸变影像。目前，对于多模态影像匹配的研究基本都是针对医学影像，对于多模态遥感影像的处理则非常少。而多模态遥感影像匹配又具有非常重要的理论与实际意义。在理论上，该问题非常困难，是影像匹配技术的一个瓶颈问题；实际上，许多应用都需要进行多模态影像的自动匹配，比如光学与 SAR 影像的信息融合。当前，效果最优的多模态影像匹配技术当属相位一致性方向直方图方法（histogram of orientated phase congruency，HOPC）（Ye et al.，2017，2016）。

HOPC 方法对相位一致性模型进行了扩展，使其不仅包含数值信息还包含有方向信息。然后，结合改进后的模型与 NCC 度量构建相似性度量 HOPC$_{ncc}$，并用于影像匹配任务。HOPC 匹配方法的具体步骤如下。

（1）准备多模态遥感影像对应的几何地理信息，利用相对精确的地理信息对参考影像及待匹配影像分别进行几何校正，初步配准该影像对（一般精度在 3～10 个像素），从而消除影像对之间明显的旋转与平移差异。然后，利用 GSD 对影像进行重采样，使其拥有相同的 GSD，以此来消除影像对之间的尺度差异。

（2）采用 Harris 检测子在参考影像上提取特征点。为了避免检测得到的特征点分布不均衡，采用了分块策略。

（3）一旦参考影像上的特征点检测完成，对每一个特征点，利用 HOPC$_{ncc}$ 作为相似性度量搜寻其在待匹配影像上的同名点。具体而言，每个特征点在待匹配影像上都对应有一个 20×20 像素的搜索窗口，利用模板匹配方法思想，计算搜索窗口中与该特征点最相似的点作为其同名点（即 HOPC$_{ncc}$ 值最大的点）。该步骤还采用了匹配一致性策略来增加匹配点的可靠性，即执行两次匹配，包括前向匹配和后向匹配。

（4）采用投影变换模型（projective transformation model）作为全局变换模型剔除大粗差，获取相对纯净的匹配点对。

（5）利用迭代最小二乘方法进一步提纯上述结果。具体而言，首先利用最小二乘方法估计全局投影变换模型并计算残差，然后剔除残差较大的点后再进行最小二乘估计，反复迭代该过程直至均方根误差（root mean square error，RMSE）小于阈值。保留下的匹配点即为最终结果。

由上述详细步骤，可以清楚地看到三大问题。

（1）HOPC 方法需要知晓影像所对应的精确地理信息来进行几何校正。然而，在实际应用中，影像的地理信息可能误差较大甚至丢失，比如，卫星影像的地理信息文件与真实地理位置相差上百米非常常见。在这种情况下，HOPC 方法完全无法适用。

（2）尽管 HOPC 方法在参考影像上进行了特征检测，但其本质上是一个模板匹配方法，并非特征匹配方法，因而对旋转、尺度等比较敏感。一般的模板匹配方法为二维搜索，加入核线约束后变为一维搜索。HOPC 方法依赖于精确的地理信息，其搜索空间较小，通常为 20×20 像素的局部窗口。

（3）HOPC 方法采用 Harris 检测子进行特征点检测，但是 Harris 检测子对非线性辐射畸变非常敏感，难以普适于不同类型的多模态影像匹配。尤其当以点云深度图作为参考影像时，Harris 检测子的性能极差。如图 3.6 所示，Harris 检测子得到的特征点个数非常少，存在很多漏检现象。而特征点检测又是特征点匹配方法的基础，决定了两个点集之间正确匹配对个数的多少及点位精度的高低。若特征点过少，匹配效果必然很差。

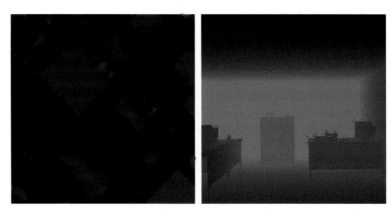

图 3.6　Harris 检测子在深度图上的检测效果

　　本节提出基于最大值索引图的辐射不变特征匹配方法。可以说，该方法是第一个能同时适用于光学影像与光学影像、光学影像与红外影像、光学影像与激光点云深度图、光学影像与 SAR 影像、光学影像与夜光影像及光学影像与地图数据这 6 种多模态影像匹配的特征匹配方法。所提方法无须知晓影像的地理信息，不用进行几何校正；该方法不论特征检测还是特征描述阶段，都对非线性辐射差异具有较好的鲁棒性，并且实现了多模态遥感影像特征匹配的旋转不变性，性能明显优于 HOPC 方法。

3.2.2　基于相位一致性的影像特征检测

　　综合上述分析，本小节结合相位一致性度量与 FAST 检测子进行影像的特征点检测，以达到在不同模态影像中均能稳定地获取大量特征点的目的。早在 21世纪初，Kovesi（2003）就提出了利用相位一致性度量进行边缘特征与角点特征的检测。然而，该方法在摄影测量与遥感领域很少得到应用，因而显得比较陌生。
　　从图 3.5 中可知，通过式（3.12）计算相位一致性度量 PC_2 能够获取非常精确的边缘信息图层，然而，这个公式忽略了方向变化对影像中每个点的相位一致性的影响。为了得到相位一致性与方向变化之间的关联性，Kovesi 建议：对二维Log-Gabor 小波变换的每个方向 $\bar{o}$，利用一维 PC_2 公式计算得到每个方向对应的相位一致性，计算其矩并分析矩随方向的变化情况。由矩分析算法可知，最小矩对应的轴称为主轴，主轴通常指示了特征的方向信息；最大矩对应的轴垂直于主轴，最大矩的模大小一般反映了特征的显著性。根据经典的矩分析方程，首先计算以下三个中间量：

$$\tilde{a} = \sum_{\theta} (\text{PC}_2(\theta)\cos\theta)^2 \tag{3.13}$$

$$\tilde{b} = 2\sum_{\theta} (\text{PC}_2(\theta)\cos\theta)(\text{PC}_2(\theta)\sin\theta) \tag{3.14}$$

$$\tilde{c} = \sum_{\theta} (\text{PC}_2(\theta)\sin\theta)^2 \tag{3.15}$$

式中：$\text{PC}_2(\theta)$ 代表方向为 θ 时的影像相位一致性。那么，主轴 ψ、最大矩 M_ψ 及最小矩 m_ψ 的计算公式分别为

$$\psi = \frac{1}{2}\arctan\left(\frac{\tilde{b}}{\tilde{a}-\tilde{c}}\right) \tag{3.16}$$

$$M_\psi = \frac{1}{2}(\tilde{c}+\tilde{a}+\sqrt{\tilde{b}^2+(\tilde{a}-\tilde{c})^2}) \tag{3.17}$$

$$m_\psi = \frac{1}{2}(\tilde{c}+\tilde{a}-\sqrt{\tilde{b}^2+(\tilde{a}-\tilde{c})^2}) \tag{3.18}$$

最小矩 m_ψ 相当于角点检测子中的角点率，换言之，若 m_ψ 的值较大，意味着该点极有可能是一个二维特征点，称为"角点"；而最大矩 M_ψ 则为边缘信息，用于检测边缘特征。

由式（3.17）与式（3.18）分别计算得到影像的相位一致性最大矩图和最小矩图。对于最小矩图层，进行局部极大值检测，与 Harris 类似，将大于特定阈值的极大值点作为角点特征。此外，由于边缘结构信息对辐射畸变具有更好的抗性，所提方法还利用最大矩图层（边缘信息图层）检测边缘特征点，即在最大矩图 M_ψ 上进行快速 FAST 特征检测（需要说明的是，此处亦可采用别的特征检测算子，采用 FAST 仅仅是考虑其时间高效性）。因此，所提方法综合了角点特征与边缘点特征来进行影像匹配。图 3.7 为特征点检测示例，图 3.7（a）为两幅多模态影像构成的匹配对（光学卫星影像-激光点云深度图）；图 3.7（b）为直接在原始影像上进行 FAST 特征检测的结果；图 3.7（c）为计算得到的相位一致性最小矩 m_ψ 图；图 3.7（d）为在最小矩图层上进行角点检测的结果；图 3.7（e）为计算得到的相位一致性最大矩 M_ψ 图；图 3.7（f）为在最大矩图层上进行 FAST 特征检测的结果。对比实验结果可以得出几点结论：①对比图 3.7（b）和图 3.7（f），发现传统基于灰度或者梯度等信息的特征检测算子（比如 FAST 或 Harris 检测算子）对非线性辐射畸变非常敏感，而相位一致性度量则对辐射畸变具有较好的不变性，在相位

一致性最大矩图上执行同样的 FAST 或 Harris 检测算子即可得到大量可靠的特征点；②从图 3.7（d）可以看出，利用相位一致性最小矩 m_ψ 可以得到影像中的明显角点特征，特征重复性较高，但是特征点数目不多；③从图 3.7（f）可以看出，在相位一致性最大矩 M_ψ 上进行 FAST 特征检测，可以得到较多的特征点数目，但是重复性相对较低。因此，综合最小矩角点特征与最大矩边缘点特征，不仅能保证特征点的重复性不至于很低，也能保证特征点数目较多，为后续特征匹配（匹配精度与匹配数目）奠定基础。

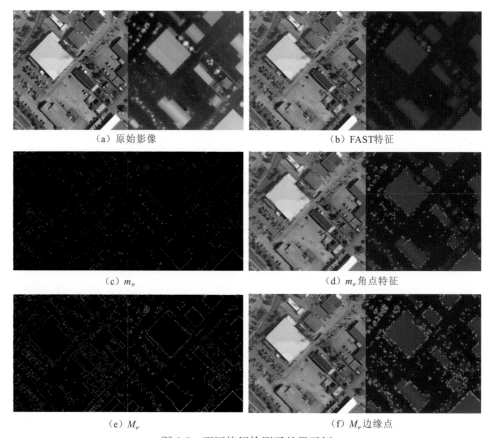

（a）原始影像　　　　　　　　　　（b）FAST特征

（c）m_ψ　　　　　　　　　　（d）m_ψ 角点特征

（e）M_ψ　　　　　　　　　　（f）M_ψ 边缘点

图 3.7　不同特征检测子效果示例

3.2.3　最大值索引图描述符构建

检测得到特征点后，需要进行特征点描述来增加特征点之间的区分度。经典的特征描述符一般基于像素灰度或者梯度分布特性来构建特征向量。然而，不论灰度分布还是梯度分布都只具有线性辐射不变性，对非线性辐射畸变非常敏感。因而，经典描述方法无法适用于多模态影像匹配任务。上文对相位一致性进行了详细的分析介绍，其最大的优势是对非线性辐射差异具有较好的抗性。直观来看，采用相位一致性图层来替代梯度图或者灰度信息进行特征描述将会比较合适。然而，实验结果并未达到预期。如图 3.8 所示，图 3.8（a）为一对由 SAR 卫星影像与光学影像构成的遥感影像对；图 3.8（b）为特征点检测结果；图 3.8（c）为相位一致性图层，用于特征点的特征向量描述；图 3.8（d）是以相位一致性进行特征点描述的匹配结果。可以看到，特征点数目较多且分布特性较好，但是，匹配结果很差，基本全是错误匹配点对。说明了不能直接采用相位一致性图层进行特征描述，其原因可能有两点：其一，相位一致性图层信息量较少，主要为边缘信息，图层大部分像素值接近于零，用于特征描述不够鲁棒；其二，相位一致性主要包含边缘信息，容易受噪声影响，导致特征向量描述不准确。考虑上述情况，本小节提出基于 Log-Gabor 卷积序列的最大值索引图特征点描述符。

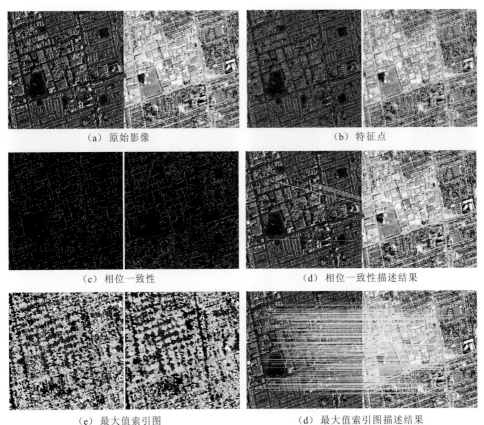

（a）原始影像　　　　　　　　　　　　（b）特征点

（c）相位一致性　　　　　　　　　（d）相位一致性描述结果

（e）最大值索引图　　　　　　　（d）最大值索引图描述结果

图 3.8　最大值索引图与相位一致性对比

1. 最大值索引图

本小节所提特征点描述符基于 Log-Gabor 卷积序列，而这些卷积序列在相位一致性计算过程中已经得到，无须额外计算，因此，所提描述符的计算复杂度非常小。最大值索引图的具体构建方法如图 3.9 所示。假设给定影像 $I(x,y)$，首先利用 Log-Gabor 小波函数进行卷积，得到卷积结果 $e_{n\bar{o}}(x,y)$ 和 $o_{n\bar{o}}(x,y)$，并计算尺度为 n，方向为 $\bar{o}$ 的小波变换幅度 $A_{n\bar{o}}(x,y)$；然后，对每一方向 $\bar{o}$，将所有 S 个尺度的幅度进行求和得到 Log-Gabor 卷积层 $A_{\bar{o}}(x,y)$：

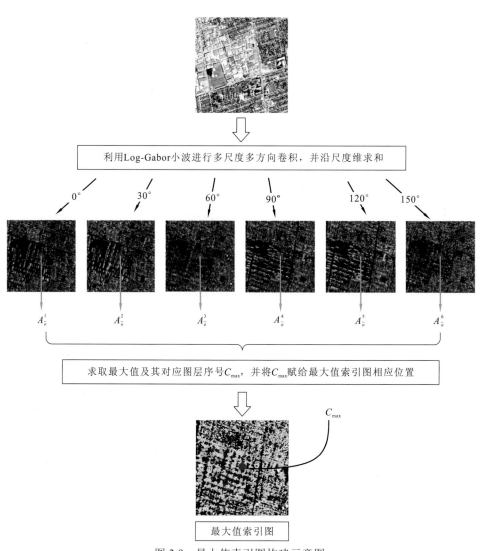

图 3.9　最大值索引图构建示意图

$$A_{\bar{o}}(x,y) = \sum_{n=1}^{S} A_{n\bar{o}}(x,y) \tag{3.19}$$

并将 Log-Gabor 卷积层依次排列得到 Log-Gabor 卷积序列,即为多通道 Log-Gabor 卷积图 $\{A_{\bar{o}}^{\hat{\omega}}(x,y)\}_1^O$,其中 O 为小波方向个数,上标 $\hat{\omega}=1,2,\cdots,O$ 表示不同通道;最后,对于该图中的每一像素位置,获取其对应的像素值,得到一个 O 维有序数组,并求取该 O 维数组的最大值及最大值所在通道 $\hat{\omega}_{\max}$,将 $\hat{\omega}_{\max}$ 的值作为所构建的最大值索引图相同像素位置的值。对所有像素执行上述步骤,得到最大值索引图。

　　获取最大值索引图后,采用与 SIFT 类似的直方图统计思想来构建特征描述向量。对于每一个特征点,以特征点位置为中心选取 $J×J$ 像素大小的局部影像块,并利用高斯函数(标准差等于影像块宽度的一半)为每个像素赋予权重,以避免当窗口位置出现细微改变时,特征描述向量出现较大的变化。然后,将该局部影像块划分为 6×6 个子区域。由于最大值索引图的取值范围从 1 到 O,取值个数最大为 O,因而,在每一个子区域内统计一个 O 柱的直方图向量,将所有直方图向量依次连接形成 6×6×O 维特征向量并进行特征向量的归一化处理。图 3.8 中给出了所提方法的一个匹配示例,图 3.8(e)为构建的最大值索引图,然后取 $O=6$ 进行特征描述,并利用欧式距离最小的点对作为潜在匹配点对,最后采用 Li 等(2017a)方法剔除错误匹配点,最终匹配结果见图 3.8(f)。可以看出,所提方法即使在两幅成像机理大不相同的 SAR 与光学影像对上亦能提取得到大量的正确匹配点对,并且分布比较均匀。表明了所提最大值索引图描述子非常适用于非线性辐射畸变的影像匹配任务,远远优于经典方法。

2. 旋转不变性

　　上一节分析了最大值索引图用于特征描述的可能性与有效性,并且描述了特征向量的构建方法。然而,上述描述的前提是假设影像对间不存在旋转,即未考虑旋转变形问题。那么,若影像对中存在旋转变形,上述方法将不再适用。因而,必须进行特殊处理使其具有旋转不变性。最直接的想法就是采用 SIFT 算法中的主方向法。然而,经过大量实验发现,直接使用主方向法,并不能使其具有旋转不变性。为了分析原因,本小节进行了两组对比实验,如图 3.10 和图 3.11 所示。在图 3.10 中,图 3.10(a)为原始激光点云深度图;图 3.10(d)为图 3.10(a)经顺时针旋转 30° 得到;分别计算图 3.10(a)和图 3.10(d)的梯度图,得到图 3.10(b)和图 3.10(e);为了消除图 3.10(b)与图 3.10(e)之间的旋转差异,将图 3.10(b)经顺时针旋转 30° 得到图 3.10(c);图 3.10(f)为图 3.10(c)与图 3.10(e)之差。由图 3.10(f)可知,消除旋转差异后的梯度图基本一致,表明了旋转对梯度图的数值不产生影响,因而,通过计算特征点的主方向能够消除局部

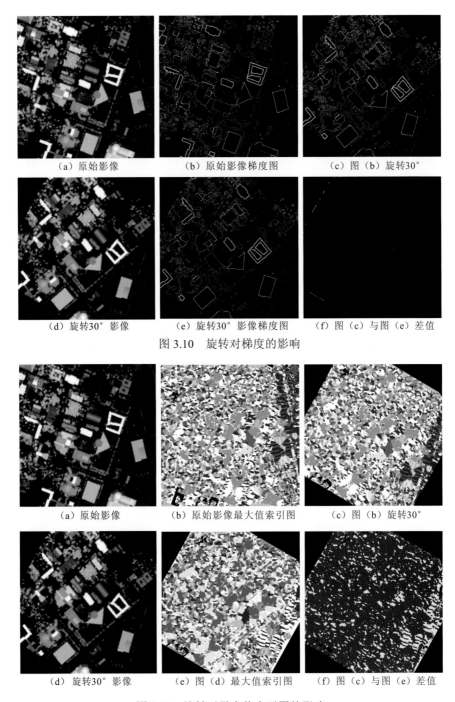

（a）原始影像　　　　（b）原始影像梯度图　　　　（c）图（b）旋转30°

（d）旋转30°影像　　（e）旋转30°影像梯度图　　（f）图（c）与图（e）差值

图 3.10　旋转对梯度的影响

（a）原始影像　　　（b）原始影像最大值索引图　　（c）图（b）旋转30°

（d）旋转30°影像　　（e）图（d）最大值索引图　　（f）图（c）与图（e）差值

图 3.11　旋转对最大值索引图的影响

描述影像块之间的旋转差异，从而实现旋转不变性。同样，本小节还对最大值索引图进行上述分析，如图 3.11 所示，图 3.11（b）和图 3.11（e）为其各自对应的最大值索引图；图 3.11（c）为图 3.11（b）经顺时针旋转 30° 得到；图 3.11（f）为图 3.11（c）与图 3.11（e）之差。若要主方向法能够适用，则需要图 3.11（c）与图 3.11（e）尽可能一致。然而，图 3.11（f）的大部分数值并非接近于零，表明了图 3.11（c）与图 3.11（e）之间不仅存在旋转差异，还存在数值差异，并且这种数值差异是由旋转造成的。若要解决旋转问题，则必须弄清楚旋转与最大值索引图数值之间的关系。

　　由于最大值索引图基于 Log-Gabor 卷积序列构建，而 Log-Gabor 卷积层又与方向紧密相关。因此，如果 Log-Gabor 卷积序列的起始层不同，那么，构建得到的最大值索引图则完全不同。换言之，如果要成功匹配两幅影像，则该两幅影像所对应的 Log-Gabor 卷积序列必须相似性较高，则需要 Log-Gabor 卷积序列的每一层内容都大致相似。事实上，可以将 Log-Gabor 卷积序列想象成首尾相连的环形结构，如图 3.12 所示。假设图 3.12（a）为原始影像（图 3.11（a））得到的 6 层 Log-Gabor 卷积序列环，其中第一层为 0° 方向卷积结果（卷积序列的起始层），第二层为 30° 方向卷积结果，依次类推，第 6 层为 150° 方向卷积结果。然而，当原始影像发生旋转后（如图 3.12（b）所示），若依然按照上述 0° 方向卷积结果作为第一层来构建 Log-Gabor 卷积序列（得到卷积序列 B），由于旋转的影响，卷积序列 B 起始层内容将会与 3.12（a）中起始层内容大不相同。实际上，由于旋转因素，可能卷积序列 B 的第三层内容才与 3.12（a）中起始层内容大致相似。因此，应该将卷积序列 B 的第三层作为起始层重新构建正确的卷积序列。

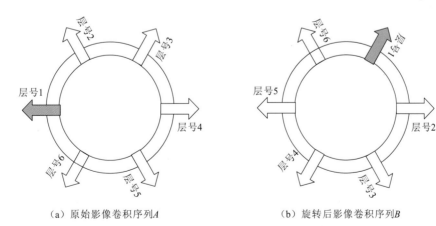

（a）原始影像卷积序列A　　　　　　　（b）旋转后影像卷积序列B

图 3.12　卷积序列环形结构

实际上，哪一层应该作为卷积序列的起始层并未可知，而且会随着影像对间的旋转角度大小而变化。考虑 O 的取值较小，一般设为 6，所提方法采用最简单最直接的遍历策略，列出所有可能情形。详细而言，所提方法首先对参考影像与待匹配影像分别构建卷积序列 A 和卷积序列 B。对于参考影像的卷积序列 A，直接计算其最大值索引图 Map^A。对于待匹配影像的卷积序列 B，依次变换卷积序列的起始层，共得到起始层不同的 O 个卷积序列；然后，由每个卷积序列计算其最大值索引图，得到最大值索引图集合 $S_B^{\mathrm{map}} = \{\mathrm{Map}_\omega^B\}_1^O$。通常情况下，集合 S_B^{map} 中存在一幅最大值索引图与 Map^A 较为相似。为了更加直观地验证该结论，在图 3.11（d）上进行实验，得到最大值索引图集合 S_B^{map}（$O=6$）。图 3.13 展现了集合 S_B^{map} 中所有的最大值索引图，其起始图层依次为卷积序列 B 的第一层到第 6 层。可以看到，起始图层不同，得到的最大值索引图则完全不同。图 3.14 展示了图 3.13 中各个子图与图 3.11（c）的差值，发现当以第 6 层作为起始图层时，所构造的最大值索引图与 Map^A 非常一致，验证了上述结论。

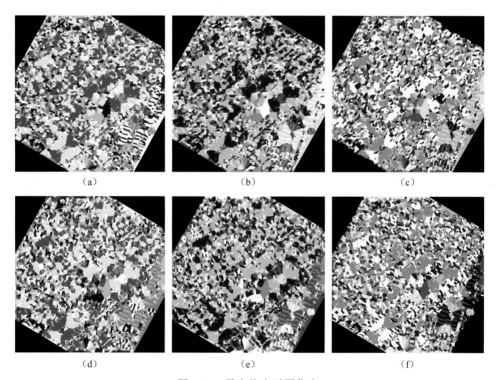

（a） （b） （c）

（d） （e） （f）

图 3.13　最大值索引图集合

（a）～（f）分别表示不同起始层所对应的最大值索引图

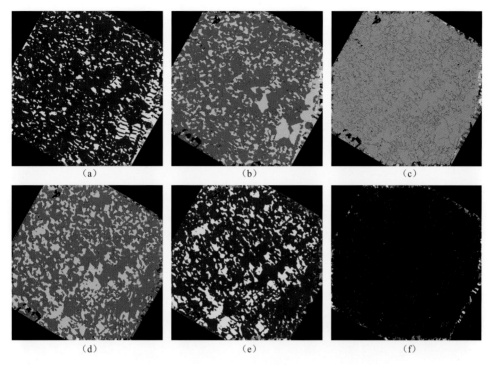

图 3.14　差值图

（a）～（f）分别表示图 3.13（a）～图 3.13（f）与图 3.11（c）的差值

　　上述过程大致消除了旋转对最大值索引图数值的影响，然而，并没有消除旋转对特征向量描述的影响。幸运的是，消除了旋转对最大值索引图数值的影响后，即可直接应用主方向法来获取每个特征点的方向信息，从而达到旋转不变的目的。由于经典主方向法是根据影像梯度大小与梯度方向进行直方图统计得到，然而，所提方法中的最大值索引图并不带有每个像素的方向信息，因此，利用最大值索引图来计算特征点方向难以实现。所提方法与相位一致性存在一定的联系，于是联想到 HOPC 方法，HOPC 方法给出了相位一致性方向图的计算方法。然而，大量实验表明，利用相位一致性及其方向图计算的主方向准确率很低，导致实验效果很差。尽管影像的梯度大小对非线性辐射差异较为敏感，但是梯度方向则相对鲁棒。因而，所提方法最终还是采用 2.3 节中描述的经典主方向法来计算特征的方向信息，以实现旋转不变性。在所提方法中，主方向计算可能并非最优，将是后续进一步改进的关键点。

3.3 实 验 结 果

为了验证所提方法的有效性,选择多个多模态数据集进行算法的定性与定量评估。并将所提方法与经典的SIFT算法和SAR-SIFT算法进行对比。每个算法的参数根据其原文献进行设置,并在所有实验中保持一致。为了进行公平比较,SIFT算法和SAR-SIFT算法的代码都采用作者的原始实现,可从作者个人网站上获取得到。

3.3.1 实验数据集

选用 6 类多模态影像数据集作为实验集,包括可见光-to-可见光（visible-to-visible）、红外-to-可见光（infrared-to-visible）、SAR-to-可见光（SAR-to-visible）、深度图-to-可见光（depth-to-visible）、地图-to-可见光（map-to-visible）、夜光-to-白天（night-to-day）。每类数据都包含有 10 个影像对,共计 60 个多模态影像对数据,示例数据如图 3.15 所示。

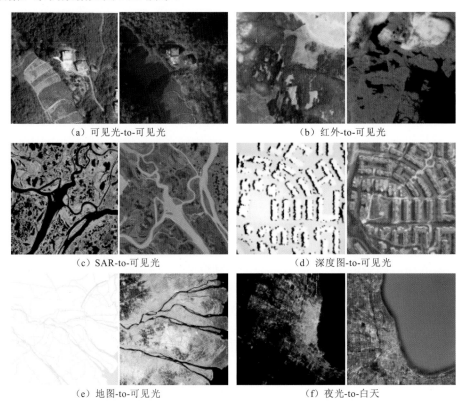

（a）可见光-to-可见光　　　　　　　　　　（b）红外-to-可见光

（c）SAR-to-可见光　　　　　　　　　　（d）深度图-to-可见光

（e）地图-to-可见光　　　　　　　　　　（f）夜光-to-白天

图 3.15　示例数据

这些影像对不仅包含多传感器影像、多时相影像，甚至包括了人工制作影像，比如栅格化地图数据；不仅包含有良好光照条件下的影像（白天影像），还搜集了夜光遥感影像；不仅包括高空间分辨率的影像，也包括中低空间分辨率的影像，GSD 分布在 0.1 m 到上百米之间；不仅包含有卫星影像，也包含有无人机甚至近景影像；影像所摄场景不仅包括城区，也覆盖了乡村甚至山区森林。这些影像对之间存在严重的畸变，尤其是辐射畸变，这将给匹配算法带来巨大挑战，能比较全面地检验算法的有效性与鲁棒性。需要说明的是，由于所提算法并未做多尺度处理，目前不具有尺度不变性，每一影像对的两幅影像都需要重采样至拥有大致的 GSD。下面，将对每一类别的数据集进行详细描述。

可见光-to-可见光数据集（数据集 1）：该数据集的参考影像与待匹配影像均为可见光影像，但是，它们之间存在非线性辐射畸变，一般为不同传感器的光学影像或者复杂光照条件下拍摄得到，如图 3.15（a）所示。其中，影像对 1～3 为无人机影像，GSD 为 0.2 m，影像大小为 800×800 像素，影像所摄场景为乡村；影像对 4～5 由 SPOT5 卫星影像和 SPOT6 卫星影像构成，并且采集时间相隔 10 年，GSD 被采样至 2.5 m，影像大小为 400×400 像素，影像拍摄场景为北京城区；影像对 6 为多模态医学眼球影像，影像大小为 500×500 像素；影像对 7～8 由 WorldView 2 卫星影像和资源 3 号卫星影像构成，采集时间相隔 1 年，GSD 被采样至 2.1 m，影像大小为 624×624 像素，影像拍摄场景为香港城区；影像对 9～10 由 SPOT 2 卫星影像和 TM 卫星影像构成，采集时间相隔 1 年，GSD 被采样至 20 m，影像大小为 256×256 像素，影像拍摄地点为巴西巴西利亚。其中，影像对 7～10 包含旋转变形。

红外-to-可见光（数据集 2）：该数据集的参考影像为红外影像，待匹配影像为可见光影像，如图 3.15（b）所示。其中，影像对 1～4 由 TM 影像的近红外波段与可见光波段组成，GSD 为 30 m，影像大小为 600×600 像素；影像对 5～10 为近景影像，所摄场景尺度很小，均为街道或者建筑物。影像对 1～4 包含旋转变形。

SAR-to-可见光（数据集 3）：该数据集的参考影像为 SAR 影像，待匹配影像为可见光影像，如图 3.15（c）所示。影像对 1～9 的参考影像为 RADASAT-2 卫星影像，来自 MDA 公司的公开数据集，待匹配影像从谷歌地球上下载得到，影像大小均为 400×400 像素。其中，影像对 1 所摄场景为加拿大马更些河，GSD 为 8 m；影像对 2 所摄场景为美国华盛顿，GSD 为 3 m；影像对 3 所摄场景为加拿大蒙特利尔，GSD 为 8 m；影像对 4 所摄场景为葡萄牙里斯本，GSD 为 8 m；影像对 5 所摄场景为湄公河三角洲，GSD 为 50 m；影像对 6 所摄场景为泰国，

GSD 为 3 m；影像对 7 所摄场景为荷兰阿姆斯特丹，GSD 为 8 m；影像对 8 所摄场景为加拿大埃德蒙顿，GSD 为 8 m；影像对 9 所摄场景为乌克兰基辅水库，GSD 为 8 m。影像对 10 由 TerraSAR-X 影像与谷歌地球影像截图构成，GSD 为 3 m，影像大小为 528×524 像素，影像内容主要为城区建筑物。影像对 1～9 包含旋转变形。

深度图-to-可见光（数据集 4）：该数据集的参考影像为点云深度图或者视差图，待匹配影像为可见光影像，如图 3.15（d）所示。影像对 1～3 由航空影像与其对应的视差图构成，视差图由 OPENCV 实现的 SGBM 立体匹配算法计算得到，GSD 为 0.2 m，影像大小为 600×600 像素，影像所摄场景为城市建筑密集区；影像对 4～6 来自国际摄影测量与遥感学会（International Society for Photogrammetry and Remote Sensing，ISPRS）组织的语义标签比赛数据集 Vaihingen（http://www2.isprs.org/commissions/comm3/wg4/tests.html），由航空影像与其对应的激光点云深度图构成，GSD 为 0.08 m，影像大小为 700×700 像素；影像对 7～9 来自 middlebury 立体匹配算法评价公开数据集（http://vision.middlebury.edu/stereo/data/），由近景影像与其视差图构成，影像大小为 1 000×800 像素；影像对由激光点云深度图与航空影像构成，GSD 为 2.5 m，影像大小为 524×524 像素，影像内容主要为城区。影像对 5 和 10 包含旋转变形。

地图-to-可见光（数据集 5）：该数据集的参考影像为栅格地图或者语义标签地图，待匹配影像为可见光影像或者 SAR 影像，如图 3.15（e）所示。影像对 1～5 由栅格地图与 MDA 公司提供的 RADASAT-2 卫星影像构成，GSD 为 8 m，影像大小为 500×500 像素；影像对 6～10 来自 ISPRS 语义标签比赛数据集 Vaihingen，由航空影像与其对应的人工语义标签地图构成，GSD 为 0.08 m，影像大小为 700×700 像素。影像对 1～7 包含旋转变形。

夜光-to-白天（数据集 6）：该数据集的参考影像为夜光影像，待匹配影像为可见光影像，如图 3.15（f）所示。影像对 1～8 由夜光遥感卫星影像与可见光卫星影像构成。其中，夜光遥感影像从美国国家航空航天局（National Aeronautics and Space Administration，NASA）官方网站获取得到（https://www.nasa.gov/multimedia/imagegallery/index.html）；待匹配影像从谷歌地球上截图得到，影像大小为 400×400 像素。这些影像尺度非常大，均为城市级影像，因而 GSD 非常大，通常为几十米甚至上百米。影像对 9～10 为近景影像对，分别由夜间和白天所摄影像构成，影像大小为 700×700 像素（http://www.umiacs.umd.edu/～hzhou/dnim.html）。影像对 1～5 包含旋转变形。

为了更好地进行定量评价，需要获取每个影像对之间的真实几何变换。由于多种因素的干扰，实际数据集通常不存在真正意义上的几何变换真值，一般将其近似值作为真值来进行定量评价。具体而言，对于其中每个影像对，手动选取 5 个具有亚像素精度且均匀分布的同名点对，然后采用线性最小二乘方法估计出较为准确的全局仿射变换作为真值的近似值。对每对影像进行特征匹配（所提方法/SIFT/SAR-SIFT），并利用 Li 等（2017a）的改进 RANSAC 算法提纯匹配点对。然后，计算这些匹配点对在仿射变换真值下的残差，将残差小于 3 个像素的匹配对作为正确匹配对，统计出每种方法的正确匹配对个数、RMSE 和平均误差（mean error）。此外，统计每个方法的匹配成功率，若一个影像对的正确匹配对个数少于 4 个，则认为匹配失败。将这 4 个指标作为算法的定量评价标准。

3.3.2　参数学习

所提方法包含 3 个主要参数，即 S、O 和 J。参数 S 为 Log-Gabor 滤波器的尺度个数，其取值大于 1；参数 O 为 Log-Gabor 滤波器的卷积方向个数，一般而言，方向个数越多，构建得到的最大值索引图信息量越丰富，所提方法的时间与内存复杂度也越高；参数 J 为用于特征描述的局部影像块大小，如果影像块太小，包含的信息量就少，难以体现特征的显著性，相反，若影像块太大，又容易受到局部几何畸变的影响。因而，合适的参数对一个算法非常重要。本节基于数据集 5 进行参数学习与参数的敏感性分析，共设计了三个独立实验分别对参数 S、O 及 J 进行学习，其中每个实验只有一个参数作为变量，其他参数均为固定值。实验设置细节详见表 3.1。对于每个参数，统计其对应的正确匹配对个数与匹配成功率进行定量评价，实验结果总结于表 3.2～表 3.4 中。

表 3.1　实验参数设置细节

实验	变量	固定参数
参数 O	$O=[4,5,6,7,8]$	$S=3$，$J=96$
参数 S	$S=[2,3,4,5,6]$	$O=6$，$J=96$
参数 J	$J=[48,72,96,120,144]$	$O=6$，$S=3$

表 3.2　参数 O 实验结果

指标	O，$S=3$，$J=96$				
	4	5	6	7	8
正确匹配对个数	50.4	84.9	114.8	120.5	121.4
匹配成功率/%	60	70	100	100	100

表 3.3 参数 *S* 实验结果

指标	*S*, *O*=6, *J*=96				
	2	3	4	5	6
正确匹配对个数	81	114.8	119.8	102.5	89.6
匹配成功率/%	80	100	100	100	100

表 3.4 参数 *J* 实验结果

指标	*J*, *O*=6, *S*=3				
	48	72	96	120	144
正确匹配对个数	91.9	111.6	119.8	116.6	98.7
匹配成功率/%	60	100	100	100	100

从实验结果可知，较大的 *O* 值构建得到的最大值索引图信息量比较丰富，能够获得较高的正确匹配对个数，但是，大 *O* 值意味着卷积序列个数增多，将大大增加算法的计算复杂度。从表 3.2 中可知，当 *O* 达到 6 时，算法的匹配正确率达到 100%，继续增大方向个数，仅仅只能微弱地提升正确匹配对个数。因而，为了同时顾及算法的匹配性能与计算复杂度，将 *O* 值设为 6。从表 3.3 可知，当 *S* 取值较小时，算法的匹配成功率较低；当 *S* 取值较大时，又会减少正确匹配对个数；当 *S*=4 时，算法在正确匹配对个数及匹配成功率指标上均达到最佳。尽管 *S*=3 的结果只与 *S*=4 的结果存在细微差别，但是尺度个数与方向个数不同，尺度增大并不会较大地增加算法的计算复杂度，故 *S* 取值为 4。参数 *J* 对算法的影响与参数 *S* 类似，如果 *J* 值较小，信息量不够丰富，匹配成功率与正确匹配对个数指标均较差；如果 *J* 值较大，由于受到局部几何畸变的影响，正确匹配对个数又会降低。如表 3.4 所示，当 *J*=96 时，算法取得最优性能。基于实验结果与分析总结，将这些参数设置为 *O*=6，*S*=4，*J*=96，并保持不变。

3.3.3 旋转不变性测试

旋转不变性是所提算法的一个重要特性，与 HOPC 方法相比，也是所提算法的一大优势。最大值索引图与相位一致性的计算均与方向相关，所提算法采用 6 个方向（0°方向、30°方向、60°方向、90°方向、120°方向及 150°方向）对影像进行 Log-Gabor 卷积滤波。这 6 个方向所覆盖的方向区间为 [0°～150°]，难免会引起质疑："若影像对间的旋转角度不在该区间内，所提算法是否依然具有较好的鲁棒性。"

事实上，所提算法具有非常好的旋转不变性，不仅仅对于[0°～150°]的旋转，而是对整个 360°区间内的旋转均具有较好的旋转不变性。为了验证这个结论，从数据集 5 中选取一个影像对（该影像对不存在旋转，即旋转为 0°）进行实验。首先，对地图进行旋转处理，旋转角度由 0°到 359°，旋转间隔为 5°，共得到 72幅地图（旋转角度分别为[0°,5°,10°，⋯，345°，350°，355°，359°]），将这 72 幅地图分别与原始可见光影像构成 72 个影像对。然后，利用所提算法一一处理，统计其各自的正确匹配对个数，并绘制在图 3.16 中。图中方形红点代表不同旋转角度的影像对得到的正确匹配对个数。可以清楚地看到，尽管不同旋转角度的影像对提取得到的正确匹配对个数各不相同，但是所有影像对的正确匹配对个数均大于 40，表明了所提算法在所有影像对上均能成功匹配，匹配成功率为100%，验证了所提算法对整个 360°区间内的旋转均具有较好的旋转不变性。同时，正确匹配对个数的各不相同也说明了所提方法的主方向计算可能并非最优，更加鲁棒的特征主方向计算方法将会进一步提升所提方法的匹配性能，这将会作为今后进一步改进的关键点之一。图 3.17 展示了 150°旋转和 210°旋转的实验结果。其中，第一行图像为特征匹配结果（图中黄线代表正确匹配对），第二行为影像拼接棋盘格影像。可以看出，匹配点数量较多，匹配点分布相对均匀，并且拼接精度很高。

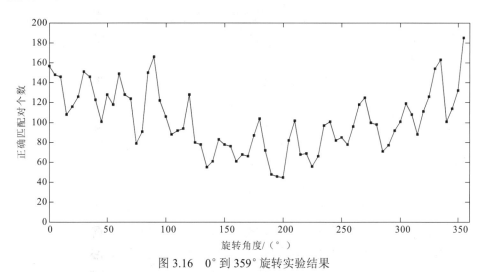

图 3.16　0°到 359°旋转实验结果

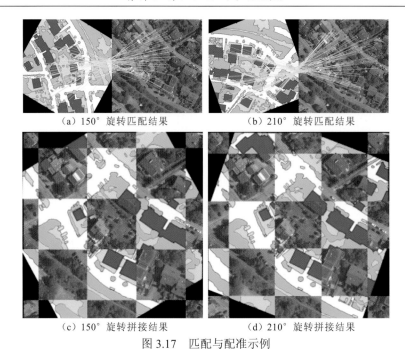

（a）150°旋转匹配结果　　　　　　（b）210°旋转匹配结果

（c）150°旋转拼接结果　　　　　　（d）210°旋转拼接结果

图 3.17　匹配与配准示例

3.3.4　匹配性能测试

1. 定性对比

分别从数据集1~数据集6中选取编号为1的影像对来进行所提算法的定性评估（图 3.15）。其中，图 3.15（a）影像对存在平移、小旋转及小尺度变化；图 3.15（b）影像对存在平移和90°旋转形变；图 3.15（c）、（e）、（f）影像对存在平移和旋转变化；图 3.15（d）影像对仅存在平移变换。由于这些影像对均为多模态影像对，各自成像方式存在较大区别，影像对间包含有严重的辐射畸变，因而，在这些影像对上进行匹配将非常具有挑战性。图 3.18~图 3.20 分别绘制了 SIFT 算法、SAR-SIFT 算法及所提算法的特征匹配结果。

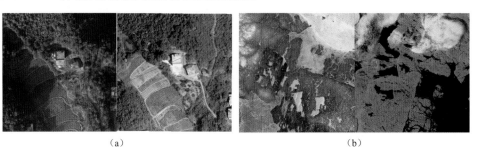

（a）　　　　　　　　　　　　　　　（b）

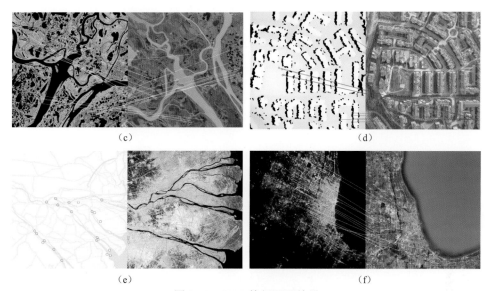

（c）　　　　　　　　　　　　　　（d）

（e）　　　　　　　　　　　　　　（f）

图 3.18　SIFT 特征匹配结果

（a）～（f）为数据集 1～数据集 6

图中红色小圆圈和绿色十字丝分别表示参考影像和待匹配影像的特征点；

黄线和红线分别表示正确匹配关系和错误匹配关系

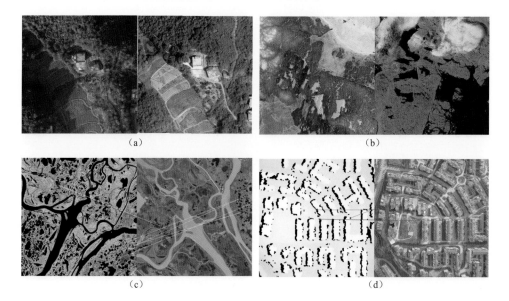

（a）　　　　　　　　　　　　　　（b）

（c）　　　　　　　　　　　　　　（d）

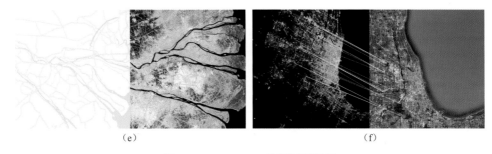

（e）　　　　　　　　　　　　　　　　　（f）

图 3.19　SAR-SIFT 特征匹配结果

（a）～（f）为数据集 1～数据集 6

图中红色小圆圈和绿色十字丝分别表示参考影像和待匹配影像的特征点；

黄线和红线分别表示正确匹配关系和错误匹配关系

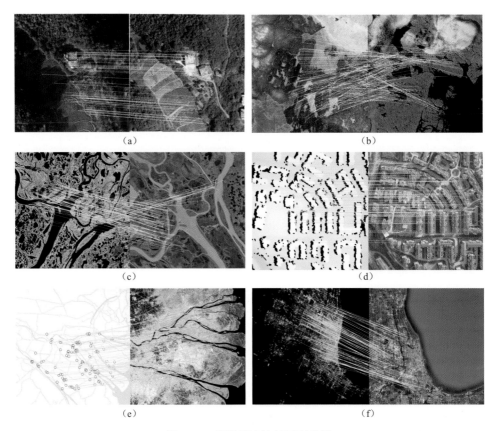

（a）　　　　　　　　　　　　　　　　　（b）

（c）　　　　　　　　　　　　　　　　　（d）

（e）　　　　　　　　　　　　　　　　　（f）

图 3.20　所提算法特征匹配结果

（a）～（f）为数据集 1～数据集 6

图中红色小圆圈和绿色十字丝分别表示参考影像和待匹配影像的特征点；

黄线和红线分别表示正确匹配关系和错误匹配关系

　　从图中可以看出，SIFT 算法在图 3.15（a）、（b）、（d）影像对上匹配失败，在图 3.15（c）、（e）、（f）影像对上匹配成功，匹配成功率为 50%。然而，即使匹配成功，其正确匹配对个数也较少，分别为 26、27 和 15 个。由于 SIFT 算法利用梯度直方图进行特征描述，其匹配结果严重依赖于两幅影像的梯度图是否相似。经过上文分析可知，梯度图对非线性辐射畸变非常敏感，此为其在多模态影像上匹配效果不佳的根本原因。SAR-SIFT 算法在图 3.15（a）、（b）、（d）、（e）影像对上匹配失败，在图 3.15（c）、（f）影像对上匹配成功，匹配成功率为 33.3%。同样，SAR-SIFT 的正确匹配对个数也很少，分别为 8 和 25 个。尽管 SAR-SIFT 对原始的梯度图概念进行了重新定义来适用于 SAR 影像的匹配任务，但是，重定义后的梯度甚至对非线性辐射畸变更加敏感。此外，SAR-SIFT 采用多尺度 Harris 检测子进行特征检测，该检测子通常得到的特征点数目较少，在某些影像上甚至得不到特征点，例如，SAR-SIFT 算法在图 3.15（e）中谷歌地图上检测得到的特征点个数为 0，从而导致了匹配点个数必然为 0。反观所提算法，在所有 6 个影像对上均匹配成功，匹配成功率为 100%。并且，其正确匹配对个数也较多，分别为 47、295、324、94、80 和 92 个。所提算法的平均正确匹配对个数大约为 SIFT 算法的 6.7 倍，为 SAR-SIFT 算法的 9 倍。

　　所提算法在非线性辐射畸变影像对上的匹配性能远远优于当前流行的特征匹配方法。主要原因有两大方面：①所提算法利用相位一致性来替代灰度图像进行特征检测，并且同时考虑了角点与边缘特征点来兼顾特征重复率与特征数目，为后续匹配奠定了基础；②所提算法采用 Log-Gabor 卷积序列构建最大值索引图来替代梯度图进行特征点描述，最大值索引图对非线性辐射畸变具有非常好的鲁棒性，从而保证了特征描述向量的准确性。图 3.21 展示了所提算法的更多实验结果。图 3.22 为采用仿射变换作为几何模型的棋盘格影像拼接结果。从局部放大结果来看，所提方法在图 3.15（b）～（f）上的拼接精度非常高，几乎不存在偏差，能够适用于实际应用。在图 3.15（a）上的效果稍差，建筑物存在偏差。图 3.15（a）存在地形起伏及拍摄视角变化，从而引起了局部几何畸变，此时，采用全局仿射变换模型来描述影像间的几何关系并不十分准确，会出现图中类似的位置偏移现象。

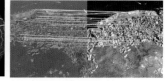

（a）可见光-to-可见光

（b）红外-to-可见光

（c）SAR-to-可见光

（d）深度图-to-可见光

（e）地图-to-可见光

（f）夜光-to-白天

图 3.21　更多实验结果

（a）

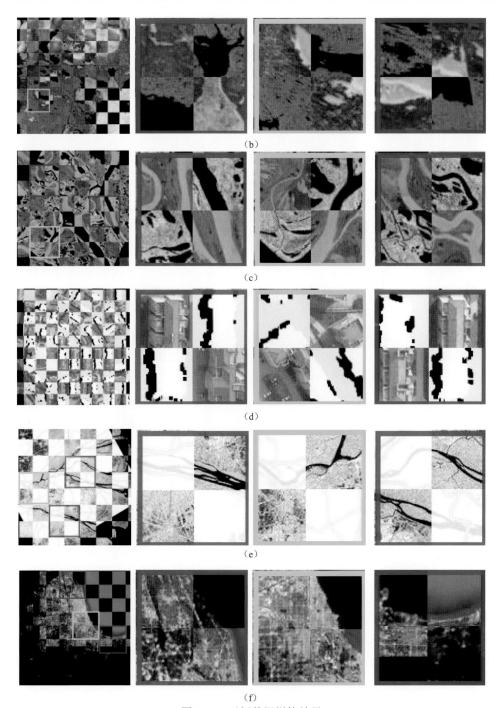

图 3.22 示例数据拼接结果

第一列为棋盘格拼接结果；第二列～第四列分别为棋盘格影像中红色、绿色及蓝色方框的放大结果

2. 定量对比

图 3.23 为正确匹配对个数指标定量对比，其中，图 3.23（a）～（f）分别显示了三种对比方法在数据集 1～数据集 6 上的实验结果。从图中可以看出，由于 SIFT 算法对光照变化具有一定抗性，其在数据集 1 和数据集 6 上的表现要优于其他 4 个数据集。数据集 1 为可见光-to-可见光数据集，影像间的成像机理差别相较于其他 4 个数据集要小，匹配相对容易；数据集 6 为夜光-to-白天数据集，该数据集本质上也属于可见光-to-可见光数据集，区别在于数据集 6 的光照条件更加复杂，差别更大。SIFT 算法在数据集 4 上性能最差，全部匹配失败，没有得到任何正确匹配点对。其原因可能是：①SIFT 算法采用梯度信息进行特征描述，梯度在一定程度上能够反映影像中的结构信息（边缘信息），而在点云深度图或者视差图中，边缘结构相对较弱，导致梯度难以较好地提取；②SIFT 算法直接在原始影像中进行特征点检测，提取得到的特征点数目较少、分布较差（尤其在深度图和视差图中，如图 3.6 和图 3.7 所示），从而导致特征匹配效果很差。在绝大多数匹配成功的影像对上，SIFT 算法得到的正确匹配对个数均较少（少于 50 个），在某些影像上甚至只有几个正确匹配点，仅在数据集 1 的影像对 3 和影像对 10，以及数据集 6 的影像对 8 上的正确匹配点个数大于 50。SAR-SIFT 算法的性能与 SIFT 算法相似，其在数据集 1 和数据集 3 上的表现要优于其他 4 个数据集。如上所述，数据集 1 的影像对间的成像机理差别相对较小。数据集 3 为 SAR-to-可见光数据集，由于 SAR-SIFT 算法专门为 SAR 影像匹配而设计，并对梯度概念进行了重定义，因而可能更加适用于数据集 3。SAR-SIFT 算法在数据集 2 和数据集 5 上性能最差，完全匹配失败。数据集 2 为红外-to-可见光数据集，该数据集影像对间的辐射特性差别较大，大部分地物辐射特性完全相反。如图 3.15（b）所示，在可见光中呈现黑色的地物在红外中却呈现白色。因而，重定义后的梯度可能对这种反相差异更加敏感。数据集 5 为地图-to-可见光数据集，如前文分析，多尺度 Harris 检测子在地图上难以提取特征点，势必导致匹配失败。在大部分匹配成功的影像对上，SAR-SIFT 算法的正确匹配对个数也较少。然而，在少数几个影像对上，比如数据集 3 的影像对 9 和数据集 6 的影像对 8，SAR-SIFT 算法得到的正确匹配对个数甚至多于所提算法。总体而言，SAR-SIFT 算法的匹配性能极不稳定。反观所提算法，在 6 个数据集的所有影像上均匹配成功，并且正确匹配对个数在绝大多数影像对上均大于 50。所提算法的匹配性能非常稳定和鲁棒，基本不受辐射畸变类型的影响，远远优于 SIFT 算法和 SAR-SIFT 算法。

表 3.5 总结了三种对比方法在各个数据集上的匹配成功率。可以看出，SIFT 算法在数据集 6 上匹配成功率最高，为 60%；SAR-SIFT 算法在数据集 1 和数据

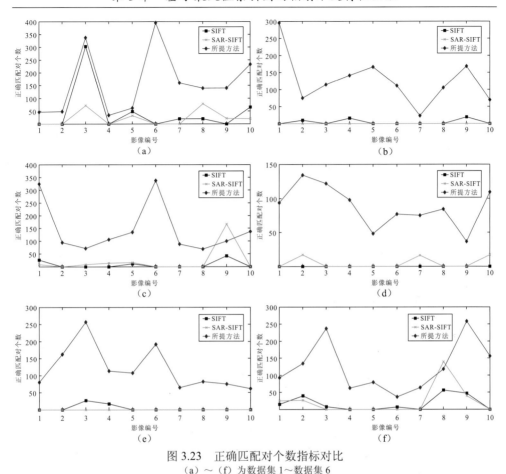

图 3.23　正确匹配对个数指标对比
(a) ～ (f) 为数据集 1～数据集 6

集 3 上匹配成功率均为 50%；所提方法在所有数据集上匹配成功率均为 100%。
SIFT 算法、SAR-SIFT 算法及所提算法在所有 6 个数据集上的平均匹配成功率分
别为 31.7%、28.3% 和 100%。相比于 SIFT 和 SAR-SIFT，所提算法分别提升了 68.3
个百分点和 71.7 个百分点。图 3.24 绘制了所提算法在每个影像对上的平均误差
[图 3.24 (a)] 和 RMSE [图 3.24 (b)]。由于 SIFT 算法和 SAR-SIFT 算法的匹配
成功率太低，没有计算其对应的平均误差和 RMSE。由图 3.24 清晰可得，所提方
法的平均误差均在 1.2 像素与 2.1 像素之间；RMSE 均在 1.4 像素与 2.2 像素之间。
这些误差产生的原因有多种，比如影像对间的真值几何模型符合度误差及几何模
型估计误差、特征点定位精度误差。表 3.6 对所提方法的正确匹配对个数、平均
误差及 RMSE 进行了汇总，计算了在每个数据集上的指标平均值。由表 3.6 可知，
所提算法的正确匹配对个数较多且非常稳定，均在 100 个左右；匹配点精度较高，
平均误差均在 1.8 像素左右，RMSE 均在 1.9 像素左右。如前所述，所提算法基本

不受辐射畸变类型的影响。所提方法在所有 60 个影像对上的正确匹配对个数、平均误差及 RMSE 的均值分别为 122.4、1.79 像素和 1.94 像素。

表 3.5 匹配成功率对比

方法	匹配成功率/%					
	数据集 1	数据集 2	数据集 3	数据集 4	数据集 5	数据集 6
SIFT	50	30	30	0	20	60
SAR-SIFT	50	0	50	30	0	40
所提算法	100	100	100	100	100	100

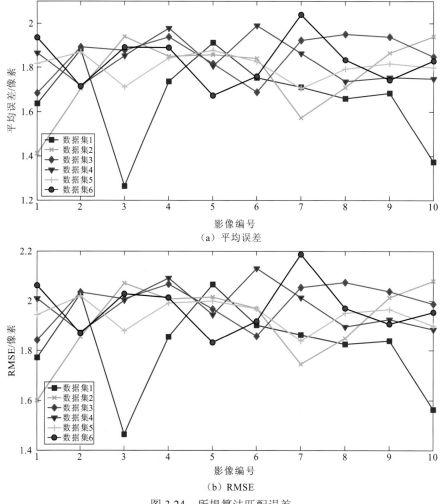

（a）平均误差

（b）RMSE

图 3.24 所提算法匹配误差

表 3.6 所提算法定量评价结果

指标	数据集 1	数据集 2	数据集 3	数据集 4	数据集 5	数据集 6
正确匹配对个数	153.70	122.10	140.82	84.3	114.8	118.9
平均误差/像素	1.66	1.77	1.86	1.83	1.81	1.83
RMSE/像素	1.82	1.92	1.99	1.98	1.95	1.97

总结上述定性与定量实验结果，可以得出结论：所提算法针对非线性辐射畸变问题进行了特殊设计，包括特征检测及特征描述。因而，所提算法对非线性辐射差异具有非常好的抗性，并基本不受辐射畸变类型的影响，在所有 6 种数据类型上均取得了较好的正确匹配对个数和匹配精度，匹配性能远远优于目前经典及流行的特征匹配方法。所提算法是具有旋转不变性的并适用于多种多模态遥感影像数据的特征匹配算法。

3.4 算 法 缺 陷

所提算法在多模态影像匹配问题上远远优于目前所有特征匹配算法，然而，同样存在一些缺陷亟待解决。具体而言，所提算法存在两个不足点。①前文提及的主方向计算策略。所提算法依然采用经典的梯度信息进行主方向计算，由于梯度信息对非线性辐射比较敏感，可能导致主方向计算错误，从而导致特征描述不准确。②尺度不变性。所提算法并未进行尺度处理，若影像间存在较大的尺度变化或者视角变化，所提算法将不再适用，该缺陷限制了所提算法的普适性。针对尺度问题，可以考虑从两个方面着手解决。其一，对于非倾斜的遥感卫星影像或者航空影像，利用其 GSD 信息对影像尺度进行归一化处理；其二，借鉴 SIFT 算法思想，构建高斯尺度空间，在尺度空间中进行特征检测与特征描述。后续将会把以上两点作为关键点，来进一步提升所提算法的匹配性能，从而最大化其实用价值。

3.5 本 章 小 结

本章提出了一种基于最大值索引图的辐射不变特征匹配方法，该方法具有旋转不变性并且适用于多种多模态遥感影像。本章首先说明了相位的重要性并重点介绍了相位一致性概念，由相位一致性具有较好辐射抗性这一特性引出了本章所提算法的最初动机。在分析总结了目前方法的缺点之后，详细地描述了所提算法实现细节。在特征检测中，所提算法基于相位一致性来获取角点和边缘点特征，同时顾及了特征数目与重复率。在特征描述中，构建了最大值索引图，对非线性辐射具有非常好的鲁棒性。在分析了旋转对最大值索引图的影响的基础上，实现了算法的旋转不变性。

在实验中，本章首先详细描述了实验数据集及对比方法，以利于有需求者获取公开数据进行相关研究；然后，对算法参数进行学习并测试了算法的旋转不变性；再次，在 6 个数据集上与 SIFT 算法和 SAR-SIFT 算法进行了定性和定量对比，验证了所提算法的可靠性和优越性；最后，分析了所提算法存在的不足并对改进思路进行了展望。

第4章 抗几何畸变的影像特征匹配方法

本章提出一种基于支持线投票和仿射不变比率的鲁棒性影像特征匹配算法，该算法同时考虑了影像对之间的光度及几何约束（Li et al.，2017b）。所提方法不仅适用于常见的刚性形变影像（如卫星影像、航空影像等）的匹配问题，还适合存在非刚性形变的影像对，如鱼眼、全景等大畸变影像。即使对于具有较大错误点比率的情形，也保持着较好的鲁棒性。首先，采用支持线来作为光度约束进行匹配点的初步过滤，即利用局部区域信息来识别正确及错误点对。与区域匹配方法不同，支持线给出了尺度及主方向等信息；并且支持线区域的位置、形状和大小已知。这些特性显著降低了其计算复杂度。然后，使用仿射不变比率作为几何约束来进一步精化和扩展匹配结果。由仿射不变比率约束可以容易地计算出匹配点所在区域的局部仿射变换关系。通常，局部仿射变换模型具有较好的局部几何畸变抗性，因此，该模型既适用于卫星影像，也适用于近景摄影测量影像。在精化的同时，还使用局部仿射变换关系来寻找尽可能多的高点位精度同名点对。最后，该方法还提供了一个更精确的网格仿射模型用于遥感影像配准。本方法的主要思想如图4.1所示。假设给定两幅具有重叠区域的影像，首先通过 SIFT 算法生成初始匹配点集；然后，使用支持线投票策略作为光度约束来初步剔除错误匹配点对；再次，采用局部仿射不变比率作为几何约束来精化和扩展支持线投票后的结果；最后，基于建立的网格仿射模型来配准该影像对。

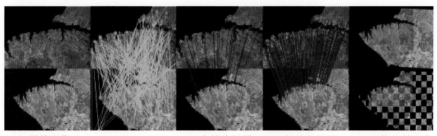

（a）原始影像对　（b）SIFT匹配　（c）支持线投票　（d）提纯与扩展　（e）网格仿射配准

图 4.1　本章方法示意图

4.1 支持线投票策略

4.1.1 支持线投票定义

如图 4.2 所示，假设给定两幅带重叠区域的影像 (I_1, I_2)，首先采用 SIFT 算法提取初始同名点对集合 (P, Q)（注：不限于 SIFT 算法，其他特征匹配算法亦可）。然后，对于每个特征点 $p_i \in P$，以其为中心以 $\hat{r}$ 为半径搜索相邻特征点，那么，p_i 的支持线即为 p_i 与这些近邻点的连接线（图 4.2 中的绿色及橙色线段）。由于特征点集 P 和 Q 是同名关系，一旦 p_i 的支持线确定，p_i 的同名点 $q_i \in Q$ 的支持线也将被确定。观察发现，当且仅当 (p_i, q_i) 和 (p_j, q_j) 都是正确匹配点对时，支持线对 $(l_{p_i p_j}, l_{q_i q_j})$ 才可能成为可靠的同名线对。换句话说，如果支持线对 $(l_{p_i p_j}, l_{q_i q_j})$ 是正确的同名线对，那么 (p_i, q_i) 和 (p_j, q_j) 将大概率是正确匹配点对。若点对 (p_i, q_i) 的某一个支持线对是正确的同名线对，那么，可以认为该支持线对为 (p_i, q_i) 投了一票，初始匹配点对得票数越多表明越可靠，这一过程即为支持线投票过程。基于该观察，本章将点匹配问题转换成直线匹配问题，引入支持线投票策略来进行错误匹配点剔除，并提出基于自适应直方图技术的支持线描述子（adaptive binning support-line transform，AB-SLT）。

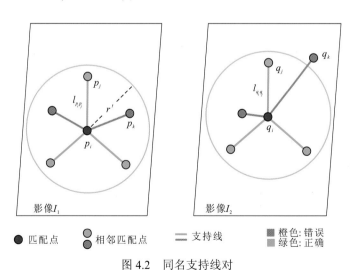

图 4.2　同名支持线对

p_i 的支持线即为其与近邻点的连接线，图中绿线描述的支持线对是正确同名对，红线是错误同名对

4.1.2　支持线描述符 AB-SLT

经典的基于梯度直方图的描述符（如 SIFT 描述符）在进行特征描述过程中，通常对以特征点为中心的局部描述区域进行规则格网划分，并在每个网格内统计一个相同柱数的直方图向量。与之不同，AB-SIFT 采用改进的直方图技术来进行特征描述，其采用对数格网区域划分方式，圆环里的格网个数从内到外沿径向依次增加，相反，用于描述的直方图柱数沿径向依次递减。AB-SIFT 描述子的不同圆环内的格网尺寸并不一致。经 Sedaghat 等（2015）验证，自适应柱数直方图技术的主要优点是对局部径向几何畸变具有较好的鲁棒性。而采用不同传感器、在不同时间或不同位置拍摄的遥感影像通常都会出现严重的辐射及几何失真现象，特别是对于视角变化较大的宽基线影像。对于线性辐射畸变，梯度直方图技术能有效处理，而几何畸变则会对传统直方图描述技术带来挑战。通常，局部几何畸变都是呈径向分布，畸变程度随着与特征点的距离增加而增加。因此，所提AB-SLT 也采用自适应柱数直方图技术来减弱离特征点较远像素的影响。

在详细描述 AB-SLT 描述子符构建方法之前，先介绍自适应柱数描述符（图 4.3 中红色方框部分）的构造步骤：首先，将特征点的圆形局部描述区域沿径向方向分成 n 个无重叠的圆环 $\hat{R} = \{\hat{r}_1, \hat{r}_2, \cdots, \hat{r}_n\}$。然后，与传统的规则格网划分方式不同，采用基于自适应角度量化策略的对数格网方式来对这些圆环进行划分，其中角度量化数目为 $\hat{M} = \{\hat{m}_1, \hat{m}_2, \cdots, \hat{m}_n\}$。也就是说，某一圆环 $\hat{r}_i$ 会被分成大小相同的 $\hat{m}_i$ 个网格。再次，在每个网格内进行梯度直方图统计，其中梯度直方图柱数量化数目为 $\hat{K} = \{\hat{k}_1, \hat{k}_2, \cdots, \hat{k}_n\}$。即某一圆环 $\hat{r}_i$ 内的格网都采用 $\hat{k}_i$ 柱数的直方图进行描述，如图 4.3 所示。最后，将所有网格内的直方图向量连接起来，以形成最终的特征描述向量。

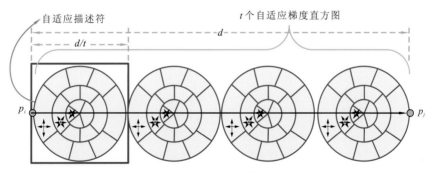

图 4.3　AB-SLT 描述符构建示意图

首先，构建自适应柱数描述符（图中红色方框部分），其主方向为支持线方向并且其圆形描述区域直径大小为 d/t。自适应柱数描述符将圆形区域沿径向划分为 n 个环 $\hat{R} = \{\hat{r}_1, \hat{r}_2, \cdots, \hat{r}_n\}$，每个环 $\hat{r}_i$ 又被分割成 $\hat{m}_i$ 网格，在 $\hat{r}_i$ 内的每个网格采用 $\hat{k}_i$ 柱数的直方图进行描述。然后，将构造好的 t 个自适应柱数描述符依次连接起来形成最终的 AB-SLT 描述符基于上述自适应柱数描述符，本节提出自适应直方图-支持线描述符（AB-SLT）。从支持线的定义可以推断出：①支持线的主方向即为该直线的方向；②支持线的尺度与其长度密切相关。支持线描述符拥有两个固有属性：旋转不变性和尺度不变性（更多细节参见图 4.4）。因此，所提描述符没有尺度空间构造和主方向计算步骤。与传统基于梯度的描述符相比，AB-SLT 计算复杂度非常低。图 4.3 说明了 AB-SLT 描述符的构建过程。具体来说，首先计算支持线 $l_{p_i p_j}$ 的长度 d，然后将该支持线等分成 t 条长度为 $\text{len} = d / t$ 的子线段 $\text{SL}_i = \{\text{sl}_1, \text{sl}_2, \cdots, \text{sl}_t\}$。每个子线段 sl_i 都对应一个以 sl_i 中点为圆心以 $\text{len} / 2$ 为半径的圆形支持区域，并利用该区域

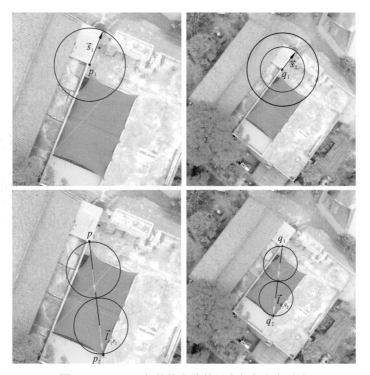

图 4.4 AB-SLT 与传统方法的尺度与主方向对比

图中第一行：基于直方图的描述子（如 SIFT 描述子）的尺度与主方向。假设 p_1 和 q_1 是正确的同名点对，其主方向分别为 $\vec{s}_1$ 和 $\vec{s}_2$，其尺度分别为以各自特征点为中心的圆形局部描述区域（图中红色圆圈区域）的半径大小。这些描述子必须进行尺度空间构建和主方向计算步骤来确定每个特征点的尺度和主方向信息。否则，假设不进行尺度空间构建，而使用相同的尺度来对 p_1 和 q_1 进行特征描述。那么，q_1 的局部描述区域将会变成图中黑圈区域。这将会导致对 q_1 的描述变得非常不可靠。图中第二行：本章 AB-SLT 的尺度和主方向。假设 $l_{p_1 p_2}$ 和 $l_{q_1 q_2}$ 是一对正确的支持线匹配对，则其主方向分别为支持线方向 $\vec{l}_{p_1 p_2}$ 和 $\vec{l}_{q_1 q_2}$，其尺度分别由 $l_{p_1 p_2}$ 和 $l_{q_1 q_2}$ 的长度决定。即使影像对之间存在缩放和旋转变化，支持线的局部区域也是正确对应的同名区域。因此，支持线描述子具有两个固有属性：旋转不变性和尺度不变性

来进行子线段 sl_i 的特征描述。使用多个子线段来替代整条支持线进行特征描述的原因是可以提高描述符对局部几何畸变的鲁棒性。假如直接使用以支持线 $l_{p_i p_j}$ 中点为圆心以 $d/2$ 为半径的圆形支持区域来进行特征描述,那么,那些远离支持线的像素将会受到几何畸变的严重干扰,这将降低描述符的显著性。然后,对于每个子线段 sl_i,计算其对应的自适应柱数描述子 $\mathrm{Des}(\mathrm{ls}_i)$。将这些子线段的描述子依次连接得到最终的 AB-SLT 描述子 $\mathrm{Des}(l_{p_i p_j})$:

$$\mathrm{Des}(l_{p_i p_j}) = \{\mathrm{Des}(\mathrm{ls}_1), \mathrm{Des}(\mathrm{ls}_2), \cdots, \mathrm{Des}(\mathrm{ls}_t)\} \tag{4.1}$$

表 4.1 总结了 AB-SLT 描述符所涉及的参数及其默认值。其中,径向量化数目、格网量化数目集合及直方图柱数集合均与 AB-SIFT 算法的参数设置一致。计算可得,AB-SLT 描述符的特征维度为 1 024。由于径向量化数目 n 的默认值为 3,所以自适应柱数描述符的半径至少为 3 个像素。因此,支持线的长度必须大于 $d = t \times 2 \times (\mathrm{len}/2) = 8 \times 2 \times 3 = 48$ 像素,短于该长度的支持线将被当成不可靠的支持线而被丢弃。

表 4.1　AB-SLT 的参数设置

参数	符号	默认值
径向量化数目	n	3
格网量化数目集合	$\hat{M}$	$\hat{M} = \{5, 8, 10\}$
直方图柱数集合	$\hat{K}$	$\hat{K} = \{8, 6, 4\}$
子线段个数	t	8
描述子维度	Dim	$(5 \times 8 + 8 \times 6 + 10 \times 4) \times 8 = 1\ 024$

传统描述符通常采用最近距离与次近距离比(nearest-neighbor distance ratio,NNDR)来构建特征的对应关系,与之不同,所提方法只需比较支持线对的特征描述向量。在构建支持线时,支持线之间的同名关系已经建立,基本避免了传统描述符中计算复杂度较高的步骤,即高维度近邻搜索和交叉匹配。本方法采用欧氏距离作为特征向量的相似性准则,即如果支持线对 $(l_{p_i p_j}, l_{q_i q_j})$ 间的距离低于一定阈值 τ,则认为该支持线对为潜在的可靠同名关系。

所提支持线投票策略与局部区域匹配方法类似。由于对描述符进行了精心设计,该策略对局部几何畸变具有较好的抗性。此外,得益于局部支持区域,其对局部重复纹理也更加鲁棒。在完成支持线匹配步骤之后,利用匹配结果对初始匹配点进行投票,通过投票得分来区分正确与错误匹配点,即得票数多的匹配点更可能是正确同名点。在后续实验中,认为得票数大于等于 η 的匹配点为比较可靠的同名点对。

4.2 仿射不变比率与归一化重心坐标系

仿射变换在影像匹配中经常使用，其数学公式如下：

$$y = T(x) = Ax + t \tag{4.2}$$

式中：x 是观测值向量；y 是仿射变换后的观测值向量；t 是平移向量；A 是 2×2 非奇异仿射矩阵。

为了更好更直观地理解仿射变换的几何作用，可以将仿射变换矩阵进行分解，得到旋转分量 $R(\hat{\theta})$ 和形变分量 $R(-\hat{\phi})DR(\hat{\phi})$：

$$A = R(\hat{\theta})R(-\hat{\phi})DR(\hat{\phi}) \tag{4.3}$$

式中：D 是由尺度因子 s_1 和 s_2 构成的 2×2 对角矩阵

$$D = \begin{bmatrix} s_1 & 0 \\ 0 & s_2 \end{bmatrix} \tag{4.4}$$

因此，仿射变换可以看成一系列几何变换的合成，即先旋转 $\hat{\phi}$，再沿坐标系的两轴方向进行各向异性缩放（缩放因子为 s_1 和 s_2），再反向旋转 $\hat{\phi}$，然后旋转 $\hat{\theta}$，最后平移 t。仿射变换具有三个不变量：平行线、平行线长度及面积比（Hartley et al.，2013）。由于旋转和平移不会对面积产生任何影响，仿射变换前后的面积只会受到尺度 $s_1 \cdot s_2$ 的影响（$s_1 \cdot s_2$ 等价于 $\det(A)$），因此，面积比具有仿射不变性。基于这一重要特性，本节提出了仿射不变比率与归一化重心坐标系，并用于影像匹配中。

4.2.1 仿射不变比率

如图 4.5 所示，给定 4 个特征点 A_1、B_1、C_1、D_1，将其进行仿射变换分别得到点 A_2、B_2、C_2、D_2。将直线 A_1C_1 与直线 B_1D_1 的交点记为 O_1；将直线 A_2C_2 与直线 B_2D_2 的交点记为 O_2；基于面积比的仿射不变性可得

$$\begin{cases} \dfrac{\text{Area}(\triangle S_{A_1B_1O_1})}{\text{Area}(\triangle S_{A_1B_1C_1})} = \dfrac{\text{Area}(\triangle S_{A_2B_2O_2})}{\text{Area}(\triangle S_{A_2B_2C_2})} \\[3mm] \dfrac{\text{Area}(\triangle S_{A_1B_1O_1})}{\text{Area}(\triangle S_{A_1B_1D_1})} = \dfrac{\text{Area}(\triangle S_{A_2B_2O_2})}{\text{Area}(\triangle S_{A_2B_2D_2})} \end{cases} \tag{4.5}$$

式中：$\triangle S$ 表示三角形。由于三角形 $\triangle S_{A_1B_1O_1}$ 与三角形 $\triangle S_{A_1B_1C_1}$ 共高，所以有以下关系：

$$\begin{cases} \left(\alpha_1 = \dfrac{|A_1O_1|}{|A_1C_1|} \right) = \left(\alpha_1' = \dfrac{|A_2O_2|}{|A_2C_2|} \right) \\[4mm] \left(\alpha_2 = \dfrac{|B_1O_1|}{|B_1D_1|} \right) = \left(\alpha_2' = \dfrac{|B_2O_2|}{|B_2D_2|} \right) \end{cases} \tag{4.6}$$

式中：$|A_1O_1|$ 为直线段 A_1O_1 的长度，(α_1,α_1') 和 (α_2,α_2') 即为仿射不变比率。

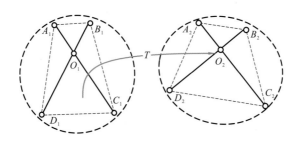

$$a_1 = |A_1O_1|/|A_1C_1| = |A_2O_2|/|A_2C_2| \qquad a_2 = |B_1O_1|/|B_1D_1| = |B_2O_2|/|B_2D_2|$$

图 4.5　仿射不变比率

假设点集 A_2、B_2、C_2、D_2 是由点集 A_1、B_1、C_1、D_1 经过仿射变换 T 得到，点 O_1 是直线 A_1C_1 与直线 B_1D_1 的交点，点 O_2 是直线 A_2C_2 与直线 B_2D_2 的交点。那么，比值 $\alpha_1 = |A_1O_1|/|A_1C_1|$ 和比值 $\alpha_2 = |B_1O_1|/|B_1D_1|$ 是仿射变换不变量，即有 $\alpha_1 = |A_1O_1|/|A_1C_1| = |A_2O_2|/|A_2C_2|$ 及 $\alpha_2 = |B_1O_1|/|B_1D_1| = |B_2O_2|/|B_2D_2|$

4.2.2　归一化重心坐标系

如图 4.6 所示，给定 4 个特征点 A_1、B_1、C_1、D_1，其中任意三点不共线。这 4 个点能形成 4 个三角形，本小节将 4 点基 $A_1B_1C_1D_1$ 的重心坐标 $(\varsigma_1,\varsigma_2,\varsigma_3,\varsigma_4)$ 定义

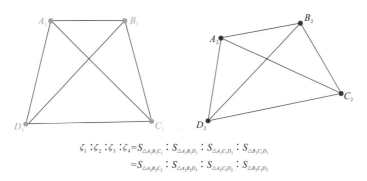

$$\begin{aligned} \varsigma_1 : \varsigma_2 : \varsigma_3 : \varsigma_4 &= S_{\triangle A_1B_1C_1} : S_{\triangle A_1B_1D_1} : S_{\triangle A_1C_1D_1} : S_{\triangle B_1C_1D_1} \\ &= S_{\triangle A_2B_2C_2} : S_{\triangle A_2B_2D_2} : S_{\triangle A_2C_2D_2} : S_{\triangle B_2C_2D_2} \end{aligned}$$

图 4.6　重心坐标系的仿射不变性

$A_1B_1C_1D_1$ 是一个四点基，$A_2B_2C_2D_2$ 是仿射变换后的四点基。任意四点基可以构成 4 个三角形，而重心坐标的定义则是这 4 个三角形的面积比。由面积比的仿射不变特性可知，归一化的重心坐标具有仿射不变性

为这 4 个三角形的面积比，即

$$\varsigma_1:\varsigma_2:\varsigma_3:\varsigma_4 = S_{\triangle A_1B_1C_1}:S_{\triangle A_1B_1D_1}:S_{\triangle A_1C_1D_1}:S_{\triangle B_1C_1D_1} \tag{4.7}$$

然后，对其进行归一化处理得到 (u_1,u_2,u_3,u_4)，其中，$u_i=\varsigma_i/s_{\text{sum}}$ $(i=1,2,3,4)$ 是归一化重心坐标（normalised barycentric coordinate，NBC），并且 $s_{\text{sum}}=\varsigma_1+\varsigma_2+\varsigma_3+\varsigma_4$。

在图 4.6 中，点集 A_2、B_2、C_2、D_2 由点集 A_1、B_1、C_1、D_1 经仿射变换得到。基于重心坐标定义及面积比的仿射不变性，可以计算得到 4 点基 $A_2B_2C_2D_2$ 的归一化重心坐标 (u_1',u_2',u_3',u_4')：

$$
\begin{aligned}
(u_1',u_2',u_3',u_4') &= \frac{1}{s_{\text{sum}}'}\cdot(\varsigma_1',\varsigma_2',\varsigma_3',\varsigma_4') = \frac{\det(A)}{s_{\text{sum}}'}\cdot(\varsigma_1,\varsigma_2,\varsigma_3,\varsigma_4) \\
&= \frac{\det(A)}{\det(A)\cdot s_{\text{sum}}}\cdot(\varsigma_1,\varsigma_2,\varsigma_3,\varsigma_4) = (u_1,u_2,u_3,u_4)
\end{aligned}
\tag{4.8}
$$

式中：$(\varsigma_1',\varsigma_2',\varsigma_3',\varsigma_4')$ 是 4 点基 $A_2B_2C_2D_2$ 的重心坐标，并且 $s_{\text{sum}}'=(\varsigma_1'+\varsigma_2'+\varsigma_3'+\varsigma_4')=\det(A)\cdot s$。

一旦在匹配点中找到了一对可靠的同名 4 点基（$A_1B_1C_1D_1$，$A_2B_2C_2D_2$），影像 I_1 中的任何像点 p_1 都可以基于 4 点基 $A_1B_1C_1D_1$ 从笛卡儿坐标系转换到归一化重心坐标系（图 4.7）。p_1 的归一化重心坐标 $\text{NBC}(p_1)$ 为

$$
\begin{cases}
\text{NBC}(p_1)=(S_{p_1A_1B_1},S_{p_1B_1C_1},S_{p_1C_1D_1},S_{p_1A_1D_1})/\hbar \\
\hbar=(S_{p_1A_1B_1}+S_{p_1B_1C_1}+S_{p_1C_1D_1}+S_{p_1A_1D_1})
\end{cases}
\tag{4.9}
$$

同理，影像 I_2 中的任何像点也可以基于 4 点基 $A_2B_2C_2D_2$ 从笛卡儿坐标系转换到归一化重心坐标系。归一化重心坐标系具有仿射不变性，因此，正确同名点对的两个特征点应具有相同的归一化重心坐标，错误匹配点对的两个特征点的归一化重心坐标不一样。基于所提新坐标系，无需任何几何变换模型估计，即可快速有效地区分正确匹配点与错误匹配点。

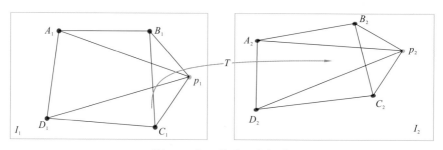

图 4.7　归一化重心坐标系

对于传统遥感影像，如卫星及航空遥感影像，由地形起伏引起的高差相比于传感器的飞行高度显得非常小，通常可以采用全局仿射变换来进行错误匹配点的

剔除及影像配准。随着传感器及应用的发展,非刚性大形变的影像(如近景倾斜无人机影像和鱼眼影像)得到了广泛运用,但是影像对间的局部区域关系仍然可以采用局部仿射变换很好地建模。一般来说,不论刚性还是非刚性形变遥感影像,在小的局部区域里,仿射不变比率及归一化重心坐标系都是成立的。

4.3 匹配点扩展与格网仿射变换模型

4.3.1 匹配精化与扩展

在支持线投票阶段,绝大多数错误匹配点可以被剔除。然而,支持线仅仅基于光度约束,不能对匹配误差进行定量评估,仍然保留有部分点位精度较低的噪声匹配点。为了进一步改进支持线投票的匹配结果并提供影像对间的几何变换模型,提出了一种基于仿射不变比率的新方法。在特征点局部区域内,利用仿射不变比率 (α_1,α_1') 和 (α_2,α_2') 构建一个 2-直线基,并将其用于局部仿射变换模型估计。仿射变换具有 6 个自由度,其中,仿射矩阵中包含 4 个自由度和平移向量中包含两个自由度。因此,至少需要三个正确非共线同名点对才能求取仿射变换的封闭解。所构建的 2-直线基由两条直线段结构组成,可以提供 4 个可靠的同名点对用于仿射变换估计。与封闭解相比,多余观测值能够提高对噪声的鲁棒性。

支持线投票策略可能导致匹配结果分布非常不均衡。为了改善匹配点分布情况并且把重心放在得票数较高的匹配点对上,首先将影像 I_1 划分为 50×50 的规则格网,如图 4.8 所示。对于每个网格,只保留在支持线投票步骤中得票数最高的匹配点对。这一步骤还可以大大降低后续精化与扩展阶段的计算复杂度。假设 $(\overline{P},\overline{Q})$ 表示被保留的同名点集,对于每个保留的特征点 $\overline{p}_i \in \overline{P}$,在半径为 $\hat{r}$ 的局部圆形邻域内搜索其他保留的匹配点集 $S_N(\overline{p}_i)$。然后,在点 $\overline{p}_i$ 的邻域集 $S_N(\overline{p}_i)$ 里选取 4 个特征点来构建一个 2-直线基,如图 4.5 所示。这些点的选择必须遵循三个原则:①必须满足仿射不变比率,即 $|\alpha_1-\alpha_1'|<\delta$ 和 $|\alpha_2-\alpha_2'|<\delta$ 关系式必须成立,式中 δ 是一个小值。如果这些约束条件不成立,那么至少有一个被选定的点是错误匹配点;②所构成的两条直线 A_1C_1 和 B_1D_1 长度应该较大;③直线 A_1C_1 和 B_1D_1 所形成的夹角应该较大。其中,第二和第三原则确保所选的点之间相互距离较大,使得所构建的 2-直线基能够更好地描述该局部区域。假设某一 2-直线基由 4 个邻近的特征点构成,基于该同名基所估计的局部仿射变换一般能够很好地描述同名基外包络区域之间的几何关系。然而,如果影像对之间存在较大的几何畸变,该变换将不适用于 2-直线基外包络区域以外的区域。具体实现上,首先将 $S_N(\overline{p}_i)$ 内

的特征点两两连接形成线段集合 $S_L(\overline{p}_i)$，并计算 $S_L(\overline{p}_i)$ 内每个线段的长度。同时，由于 $(\overline{P},\overline{Q})$ 之间存在一对一的同名关系，$S_L(\overline{p}_i)$ 中每条线段所对应的同名线段也将确立。然后，选择 10 个最长的同名线段对，并计算每两对同名线段对的仿射不变比率，依据第一原则筛选符合的直线对构建 2-直线基。最后，计算每个 2-直线基中两条直线夹角，选择具有最大夹角的 2-直线基来计算其所在局部区域的仿射变换模型。

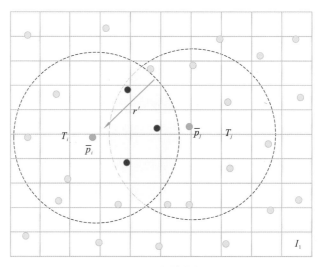

图 4.8　匹配点精化与扩展

首先，将影像 I_1 划分为 50×50 的规则格网。对于每一个网格，只保留在支持线投票步骤中得票数最高的匹配点（图中的蓝色和红色点）。对于每个保留的匹配点 $\overline{p}_i$，在半径为 $\hat{r}$ 的局部圆形区域内搜索其他保留的匹配点集 $S_N(\overline{p}_i)$。然后，基于仿射不变比率约束计算该局部圆形区域所满足的局部仿射变换 T_i^{local}。最后，依据所估计的 T_i^{local} 给每个匹配点分配一个标识符，即正确或错误，并且每个网格将被赋予局部仿射变换

　　一旦建立了同名基对应关系，就可以利用线性最小二乘估计同名基所在区域的局部仿射变换 T_i^{local}。该局部仿射变换主要有三个功能。①对局部区域内的所有同名点对进行定量评估。根据每个匹配点对的局部仿射变换残差 v，将匹配对分为可靠匹配对和不可靠同名点对，即残差小于给定阈值 ε 的匹配点对为可靠点对（ inliers = $\{v|v<\varepsilon\}$ ）。②提取尽可能多的高点位精度匹配点对。本方法使用 SIFT 算法来获得初始匹配点集。但是，仍然有许多正确匹配点对被 SIFT 所遗漏。因此，对剩余 SIFT 关键点（未正确匹配的 SIFT 特征点）执行扩展，以提取尽可能多的高点位精度匹配点对。具体而言，对于局部区域内的每个关键点 kp_i，利用 T_i^{local} 来预测其在另一幅影像中的同名点 kq_i' 的理想位置。然后，在以 kq_i' 为中心以 ε 为半径的小圆形区域内搜索特征点集 KQ，并计算 KQ 内的每个特征点 $kq_j\in KQ$ 与 kp_i 之间的相似性：

$$\text{Dist}(kp_i, kq_j) = \mathrm{e}^{-\varepsilon/d_{ij}} \cdot \| \boldsymbol{D}_{\text{SIFT}}(kp_i) - \boldsymbol{D}_{\text{SIFT}}(kq_j) \| \tag{4.10}$$

式中：d_{ij} 是特征点 kq_j 与其理想位置 kq_i' 之间的欧式距离；$\boldsymbol{D}_{\text{SIFT}}(kp_i)$ 是特征 kp_i 所对应的 SIFT 描述向量；$\|\cdot\|$ 为 l_2-范数。该相似性度量同时考虑了几何信息与光度信息。式中第一项 $\mathrm{e}^{-\varepsilon/d_{ij}}$ 为几何约束项，其作用是为候选匹配点赋予权值，距离理想位置 kq_i' 越近的候选匹配点将被赋予越大的权重。第二项 $\| D_{\text{SIFT}}(kp_i) - D_{\text{SIFT}}(kq_j) \|$ 是光度约束项。如果 KQ 内的特征点与 kp_i 的最小距离小于阈值 τ，则取得该最小距离的特征点被认为是 kp_i 真正的同名点。③为该局部区域内的每个网格分配一个变换模型，如图 4.8 所示。

在匹配点精化步骤中，为了提高效率，不会为已经分配了标识符的匹配点（正确或错误）进行 2-直线基的构建。由于局部区域半径 $\hat{r}$ 远远大于格网尺寸，可以寻找出足够多的同名点对用于仿射不变比率的计算。此外，采用较大半径 $\hat{r}$，每个匹配点 $(\overline{p}_i, \overline{q}_i) \in (\overline{P}, \overline{Q})$ 可能被多次赋予标识符。事实上，可靠匹配点的标识符应该永远为正确。换句话说，如果某个同名点对在一个局部区域内被赋予正确标识符而在另一个区域内被赋予错误标识符，那么，则认为该同名点不可靠，需要进一步验证。

4.3.2　格网仿射变换模型

假设已经从影像对 (I_1, I_2) 中提取得到可靠匹配点集 $(\overline{P} = \{\overline{p}_i\}_1^N, \overline{Q} = \{\overline{q}_i\}_1^N)$，通常，该影像对可以采用全局仿射变换模型进行配准：

$$\tilde{\boldsymbol{q}}_i = \boldsymbol{H}_g \tilde{\boldsymbol{p}}_i \tag{4.11}$$

式中：$\tilde{\boldsymbol{q}}_i$ 和 $\tilde{\boldsymbol{p}}_i$ 分别为 $\overline{p}_i$ 和 $\overline{q}_i$ 所对应的齐次坐标；$\boldsymbol{H}_g = \begin{bmatrix} \boldsymbol{A} & \boldsymbol{t} \\ \boldsymbol{0}_{1\times2} & 1 \end{bmatrix}$ 是 3×3 仿射变换矩阵。采用简单的最小二乘方法即可有效地求解该配准问题，然而，如果成像场景并非平面场景，那么，采用全局仿射变换进行拼接不可避免地会造成几何重影现象。受到 Zaragoza 等（2013）的启发，首先引入加权全局仿射变换来减轻重影问题。对于影像 I_1 的任一格网 G_{ij}，赋予其一个位置相关的仿射变换 $\boldsymbol{H}_{ij}^{\text{local}}$：

$$\tilde{\boldsymbol{y}}_{*_{ij}} = \boldsymbol{H}_{ij}^{\text{local}} \tilde{\boldsymbol{x}}_{*_{ij}} \tag{4.12}$$

式中：$\tilde{\boldsymbol{x}}_{*_{ij}}$ 为格网 G_{ij} 中心像素的齐次坐标；$\tilde{\boldsymbol{y}}_{*_{ij}}$ 是 $\tilde{\boldsymbol{x}}_{*_{ij}}$ 在影像 I_2 中的同名点所对应的齐次坐标。$\boldsymbol{H}_{ij}^{\text{local}}$ 可以通过加权最小二乘方法估计（Schaefer et al.，2006）：

$$\boldsymbol{H}_{ij}^{\text{local}} = \arg\min_{\boldsymbol{H}^{\text{local}}} \sum_{i=1}^{N} \| w_*^i (\boldsymbol{H}^{\text{local}} \tilde{\boldsymbol{p}}_i - \tilde{\boldsymbol{q}}_i) \|^2 \tag{4.13}$$

式中：$\{w_*^i\}_1^N$ 是权值集合，其作用是赋予离 $\tilde{\boldsymbol{x}}_{*_{ij}}$ 较近的同名点对较大的权重。该权值的计算公式如下：

$$w_*^i = \exp(-\parallel \tilde{\boldsymbol{x}}_{*_{ij}} - \tilde{\boldsymbol{p}}_i \parallel^2 / \sigma^2) \tag{4.14}$$

式中：σ 为尺度因子，和Zaragoza等（2013）一致将其设为8.5。显而易见，位置相关仿射变换 $\boldsymbol{H}_{ij}^{\text{local}}$ 比全局变换 $\boldsymbol{H}_g$ 能够更好地描述格网 G_{ij} 中的局部细节结构。因为式（4.14）给靠近格网 G_{ij} 中心的同名点对分配了较大的权值。然而，每个格网内的 $\boldsymbol{H}_{ij}^{\text{local}}$ 都是由所有同名点对参与估计，这势必造成模型估计精度的损失，尤其是当局部几何畸变较大时。幸运的是，在匹配点精化步骤中，已经得到格网的局部仿射变换模型。因此，对于位于某一局部区域内的网格，赋予其与该局部区域一致的局部仿射变换模型，对于不位于任何局部区域的格网，利用式（4.13）赋予其一个位置相关全局仿射变换。该混合模型即为本节所提出的格网仿射变换模型，其对局部几何畸变具有很好的鲁棒性。

4.4 实 验 结 果

为了验证所提方法的有效性，选择了多个数据集（包括刚性及非刚性形变影像）进行算法的定性与定量评估。并将所提方法与其他6种先进方法（即VFC、LLT、RANSAC、USAC、PGM＋RRWM和ACC）进行对比。每个方法的算法参数根据其原文献设置，并在所有实验中保持一致（详见表4.2）。为了比较的公平性，算法实现代码都是从作者个人网站上获取得到，详细网址见表4.2。

表 4.2 对比方法的参数设置情况

方法	参数设置	源码
VFC	$\beta = 0.1$；$\lambda = 3$； $\tau = 0.75$；$\gamma = 0.9$；$a = 10$	https://sites.google.com/site/jiayima2013/
LLT	$K=15$；$\lambda=1\,000$；$\tau=0.5$；$\gamma=0.9$； $\beta=0.1$；$M=15$；$a=10$	https://sites.google.com/site/jiayima2013/
RANSAC	$m=3$；$t=3$； $\eta_0=0.99$；$\lambda=3$；$K=50\,000$	http://www.peterkovesi.com/matlabfns/index.html#robust
USAC	$m=3$；$t=3$；$\eta_0=0.99$；$\lambda=3$； $K=50\,000$；$\delta=001$．；$\varepsilon=0.2$	http://www.cs.unc.edu/～rraguram/usac/
PGM RRWM	$\alpha=50$；$k_1=25$；$k_2=5$； $\alpha=0.2$；$\beta=30$	http://cv.snu.ac.kr/research/～ProgGM/ http://cv.snu.ac.kr/research/～RRWM/
ACC	$K_{AP}=10$；$r_{AP}=0.05$； $\delta_D=25$；$\tau_a=1\%$；$\tau_m=1$	http://cv.snu.ac.kr/research/～acc/

注：表中列出的每种方法的参数符号与相应文献相同，各个参数的具体含义详见原文

4.4.1 实验数据集

采用三个遥感影像集,包括刚性形变和非刚性形变数据集,来评估所提方法。前两个数据集用于刚性形变影像匹配实验,最后一个数据集用于非刚性形变影像匹配实验。

数据集 1:该数据集共包含有 15 个影像对,由不同类型的多传感器和多时相卫星或航空影像形成。表 4.3 总结了这些影像对的详细信息。该数据集不仅包括高空间分辨率遥感影像,也包括中低空间分辨率影像,其 GSD 分布在 0.5~30 m。这些影像对间存在严重的几何畸变、辐射畸变或者极小的重叠度。比如,多时相影像对之间由于采集时间间隔较大可能导致辐射及几何畸变;不同传感器或者不同波段之间一般存在巨大的辐射差异;此外,编号为 14 的影像对的航向重叠度小于 5%。这些不同类型的畸变影像将给匹配算法带来挑战,能比较全面地检验算法的有效性与鲁棒性。

表 4.3　数据集 1 的详细信息

编号	影像对	光谱模式	影像大小/像素	GSD/m	时间/年	地点	描述
1	Worldview 2 Worldview 2	全色 全色	405×350 405×350	0.5 0.5	2011 2014	美国 加利福尼亚	多时相
2	TM TM	波段 5 波段 5	512×512 512×512	30 30	1992 1994	巴西 亚马逊	多时相
3	JERS-1 JERS-1	雷达 雷达	256×256 256×256	18 18	1995 1996	巴西 亚马逊	多时相
4	TM TM	波段 5 波段 5	512×512 512×512	30 30	1990 1994	美国 爱荷华	多时相 1
5	SPOT 2 TM	波段 3 波段 4	256×256 256×256	20 30	1995 1994	巴西 巴西利亚	多时相 多传感器
6	Pleiades-1A TerraSAR-X	真彩色 雷达	2 000×1 400 2 000×1 400	0.5 1	2014 2014	乌克兰	多传感器
7	Pleiades-1A TerraSAR-X	真彩色 雷达	800×800 800×800	0.5 1	2014 2014	乌克兰	多传感器
8	SPOT 5 SPOT 6	真彩色 真彩色	800×800 800×800	2.5 1.5	2002 2012	中国 北京	多时相 多传感器
9	SPOT 5 SPOT 6	真彩色 真彩色	800×800 800×800	2.5 1.5	2002 2012	中国 北京	多时相 多传感器
10	SPOT 5 SPOT 7	真彩色 真彩色	800×800 800×800	2.5 1.5	2003 2014	法国 巴黎	多时相 多传感器

续表

编号	影像对	光谱模式	影像大小/像素	GSD/m	时间/年	地点	描述
11	SPOT 5 SPOT 5	全色 全色	1 000×1 000 1 000×1 000	2.5 2.5	2008 2012	中国 上海	多时相
12	Worldview 2 ZY-3	真彩色 全色	1 200×1 200 1 200×1 200	0.5 2.1	2012 2013	中国 香港	多时相 多传感器
13	TM TM	波段 1 波段 4	1 450×1 480 1 450×1 480	30 30	2000 2000	未知	不同波段
14	Aerial Aerial	伪彩色 伪彩色	1 400×1 375 1 400×1 375	0.5 0.5	2011	美国 伊利诺斯	小重叠
15	Radarsat-2 Airborne SAR	雷达 雷达	800×800 800×800	3 3	2013 2013	中国 江苏	多传感器

数据集 2：数据集 2 是模拟数据集，由一张 Worldview 2 影像经过不同几何变换得到，该 Worldview 2 影像的采集地点位于中国广州上空。具体而言，将该影像的真彩色波段（RGB 波段）作为参考影像，将其红外波段经过旋转或者仿射变换后作为待匹配影像。前 6 个影像对之间存在仿射变换关系，包括旋转、平移和各向异性缩放几何形变，影像对 7 和 8 分别被旋转了 15°和 75°。图 4.9 显示了数据集 2 中的参考及待匹配影像。

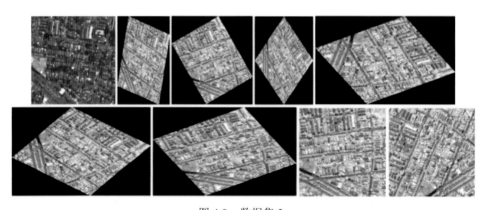

图 4.9　数据集 2

图中第一幅真彩色影像为参考影像，后面 8 幅红外影像是待匹配影像，共形成 8 个影像对

数据集 3：该数据集由 4 个影像对构成。第一个影像对是从两幅 360°×180°全景无人机影像中裁剪得到，其采集时间与地点为 2016 年的中国武汉，如图 4.18（a）所示。第二对是于 2013 年在中国保定采用低空载人飞行器拍摄的两幅鱼眼影像组成。第三对由在加拿大新斯科舍省拍摄的 GoPro Hero 2 广角影像和 Canon EOS 5D

Mark II 影像组成（参见图 4.20（a））。最后一对是由在中国河南拍摄的两幅尼康 D800 无人机影像组成，其 GSD 约为 0.1 m（见图 4.21（a））。

为了更好地进行定量评价，需要获取每个影像对之间的真实几何变换。对于实际数据集 1，由于多种因素的干扰，通常不存在真正意义上的几何变换真值，一般将其近似值作为真值来进行定量评价。具体而言，对于其中每个影像对，手动选取 5 个具有亚像素精度且均匀分布的同名点对，然后采用线性最小二乘方法估计出较为准确的全局仿射变换作为真值的近似值。数据集 2 为模拟数据集，可以基于模拟时采用的几何变换计算出每个影像对之间的几何变换真值。得到真值之后，利用该真值从每个影像对的初始匹配点对中筛选出可靠的匹配点对，而残差大于特定阈值（3 像素）的匹配点对则被视为错误匹配对。本节采用 5 个度量标准来进行算法评价：正确率（precision）、正确匹配对个数、RMSE、平均误差及最大误差（max error）。其中，正确率是指算法检测到的所有匹配点对中正确匹配对的百分比；正确匹配对个数为正确率与算法检测到的匹配点对总数的乘积；RMSE 由所有检测到的匹配点对的残差计算得到；平均误差是所有检测到的匹配点对的残差绝对值的平均值；最大误差代表所有检测到的匹配点对中的最大残差。RMSE、平均误差及最大误差都是用来描述同名点对的点位精度。如果影像对间存在非刚性形变，那么，很难用一个几何模型来对这种畸变进行精确建模，因而，本节采用人工辨认的方法来验证各个算法在数据集 3 上的性能。具体而言，对于每个影像对，首先从每种算法的匹配结果中随机选取 100 个同名点对。然后，为参考影像上的 100 个特征点手动选取其在待匹配影像上的同名点，刺点精度为亚像素精度。可以将这些具有亚像素精度的点视为参考影像上特征点的匹配点真值。基于手动建立的真值同名点对，可以计算每个算法的正确率、RMSE、平均误差及最大误差。并且，通过正确率与算法检测到的匹配点总数相乘能够得到每种算法的正确匹配对个数。在后续所有实验中，初始匹配点都是基于 OPENCV 的 SIFT 实现来获取（https://opencv.org/），NNDR 设为 0.85。

4.4.2　参数学习

所提方法共包含 9 个参数，即 n、$\hat{M}$、$\hat{K}$、t、τ、$\hat{r}$、δ、η 和 ε。参数 n、$\hat{M}$、和 $\hat{k}$ 的设置与 AB-SIFT 算法一致，其默认值见表 4.1。参数 t 为子线段数目。一般来说，t 的数值越大，匹配正确率越高，同时，算法的计算复杂度也越大。参数 τ 是衡量匹配点对之间相似性的阈值，即特征向量之间距离小于 τ 的匹配点为潜在的正确同名点对。参数 $\hat{r}$ 是局部区域半径，应该大于匹配点精化步骤中的网格尺寸。参数 δ 是一个小值，其作用是验证仿射不变比率约束是否满足。参数 η

是线支持投票中所采用的阈值。参数 ε 为残差阈值，根据 ε 可以将匹配点分为正确点或者错误点。

参数能够影响算法的普适性，若一个算法对参数较为敏感，则其在不同的数据上性能可能相差很大。因此，基于数据集 1 对所提算法进行参数敏感性分析，共设计了 6 个独立实验分别对参数 t、τ、$\hat{r}$、δ、η，以及 ε 进行学习，其中，每个实验只有一个参数作为变量，其他参数为固定值。实验设置细节详见表 4.4；实验结果总结于表 4.5～表 4.10。

表 4.4　实验参数设置细节

实验	变量	固定参数
参数 t	$t=[2,4,6,8,10,12]$	$\tau=0.35$，$\hat{r}=\max(w_{I_1},h_{I_1})/10$，$\delta=0.03$，$\eta=3$，$\varepsilon=3$
参数 τ	$\tau=[0.25,0.3,0.35,0.4,0.45,0.5]$	$t=8$，$\hat{r}=\max(w_{I_1},h_{I_1})/10$，$\delta=0.03$，$\eta=3$，$\varepsilon=3$
参数 $\hat{r}$	$\hat{r}=\chi*\max(w_{I_1},h_{I_1})/10$	$t=8$，$\tau=0.35$，$\delta=0.03$，$\eta=3$，$\varepsilon=3$
参数 δ	$\delta=[0.01,0.02,0.03,0.04,0.05,0.06]$	$t=8$，$\tau=0.35$，$\hat{r}=\max(w_{I_1},h_{I_1})/10$，$\eta=3$，$\varepsilon=3$
参数 η	$\eta=[1,2,3,4,5,6]$	$t=8$，$\tau=0.35$，$\hat{r}=\max(w_{I_1},h_{I_1})/10$，$\delta=0.04$，$\varepsilon=3$
参数 ε	$\varepsilon=[1,2,3,4,5,6]$	$t=8$，$\tau=0.35$，$\hat{r}=\max(w_{I_1},h_{I_1})/10$，$\delta=0.04$，$\eta=3$

表 4.5　参数 t 实验结果

指标	t，$\tau=0.35$，$\hat{r}=\max(w_{I_1},h_{I_1})/10$，$\delta=0.03$，$\eta=3$，$\varepsilon=3$					
	2	4	6	8	10	12
正确率/%	91.68	92.59	92.54	94.26	94.41	95.25
正确匹配点个数	211	216	212	204	192	181
RMSE/像素	1.87	1.7	1.93	1.52	1.64	1.55
平均误差/像素	1.74	1.4	1.51	1.3	1.38	1.3
最大误差/像素	5.24	4.5	5.15	3.59	3.59	3.7

表 4.6　参数 τ 实验结果

指标	τ，$t=8$，$\hat{r}=\max(w_{I_1},h_{I_1})/10$，$\delta=0.03$，$\eta=3$，$\varepsilon=3$					
	0.25	0.3	0.35	0.4	0.45	0.5
正确率/%	95.81	94.5	94.26	92	91.57	90.86
正确匹配点个数	157	184	204	219	219	226
RMSE/像素	1.42	1.54	1.52	1.89	1.97	1.94
平均误差/像素	1.25	1.3	1.3	1.49	1.51	1.49
最大误差/像素	3.98	3.6	3.59	5.25	5.39	5.36

表 4.7　参数 $\hat{r}$ 实验结果

指标	χ，$\hat{r}=\chi*\max(w_{I_1},h_{I_1})/10$，$t=8$，$\tau=0.35$，$\delta=0.03$，$\eta=3$，$\varepsilon=3$					
	0.4	0.6	0.8	1	1.2	1.4
正确率/%	92.19	93.91	94.99	94.26	93.39	91.14
正确匹配点个数	104	152	180	204	210	231
RMSE/像素	1.63	1.56	1.7	1.52	1.7	1.78
平均误差/像素	1.35	1.36	1.35	1.3	1.47	1.51
最大误差/像素	4.73	4.44	4.55	3.59	4.99	5.26

表 4.8　参数 δ 实验结果

指标	δ，$t=8$，$\tau=0.35$，$\hat{r}=\max(w_{I_1},h_{I_1})/10$，$\eta=3$，$\varepsilon=3$					
	0.01	0.02	0.03	0.04	0.05	0.06
正确率/%	94.61	94.39	94.26	94.46	91.62	90.55
正确匹配点个数	160	186	204	205	212	222
RMSE/像素	1.54	1.54	1.52	1.54	1.68	1.76
平均误差/像素	1.33	1.32	1.3	1.3	1.4	1.46
最大误差/像素	4.4	3.99	3.59	4.04	4.24	5.04

表 4.9　参数 η 实验结果

指标	η，$t=8$，$\tau=0.35$，$\hat{r}=\max(w_{I_1},h_{I_1})/10$，$\delta=0.04$，$\varepsilon=3$					
	1	2	3	4	5	6
正确率/%	92.09	93.76	94.46	93.47	93.91	93.96
正确匹配点个数	210	205	205	201	200	201
RMSE/像素	1.73	1.57	1.54	1.63	1.58	1.56
平均误差/像素	1.49	1.32	1.3	1.35	1.37	1.32
最大误差/像素	4.53	4.02	4.04	4.12	4.16	3.8

表 4.10　参数 ε 实验结果

指标	ε，$t=8$，$\tau=0.35$，$\hat{r}=\max(w_{I_1},h_{I_1})/10$，$\delta=0.04$，$\eta=3$					
	1	2	3	4	5	6
正确率/%	96.08	95.53	94.46	88.01	81.04	76.48
正确匹配点个数	115	168	205	212	224	235
RMSE/像素	1.13	1.31	1.54	1.86	2.25	2.53
平均误差/像素	0.99	1.12	1.3	1.52	1.78	1.98
最大误差/像素	3.26	3.09	4.04	4.99	6.6	7.52

从实验结果可知，正确匹配对个数与正确率不能同时兼顾。高正确匹配对个数意味着相对较低的匹配正确率，反之亦然。总体来看，所提方法对不同参数设置具有较好的鲁棒性。在 $\varepsilon = 3$ 下，所提算法的最低正确率与最低正确匹配对个数分别为 90.55% 和 104，而初始 SIFT 匹配点的正确率与正确匹配对个数分别为 16.94% 和 50，所提方法的性能与原始 SIFT 相比有显著提升。具体而言，较大的 t 值能够获得较高的匹配正确率，但是正确匹配对个数较低。为了同时顾及正确率与正确匹配对个数，需进行折中处理，将其设为 $t = 8$。与之相反，大的 τ 值意味着较高正确匹配对个数与相对较低的正确率，同理，将其设为 $\tau = 0.35$。局部区域半径 $\hat{r}$ 的大小主要影响正确匹配对个数，即正确匹配对个数与 $\hat{r}$ 的大小呈正比。然而，较大与较小的 $\hat{r}$ 值都会对匹配正确率产生影响。根据实验结果，将其设为 $\hat{r} = \max(w_{I_1}, h_{I_1}) / 10$（$w_{I_1}$ 和 h_{I_1} 分别为影像的宽度和高度）。参数 δ 有一个上限值（$\delta = 0.04$），当 δ 的取值大于该上限值时，匹配正确率严重下降。此外，过小的 δ 值可能导致正确匹配对个数降低。理论上讲，η 取值越大，匹配正确率越高。然而，较大的 η 值将会对匹配点分布密度高的区域更加有利，从而造成偏差。实验结果表明，当 η 大于 3 时，匹配正确率不再随 η 的取值增大而增加。参数 ε 将匹配点分为正确点或者错误点。越小的 ε 值意味着越高的匹配正确率，同时也意味着越少的正确匹配对个数。在本节实验中，正确匹配点是指在真值几何变换下的残差小于 3 个像素的匹配对，因而，当 $\varepsilon > 3$ 时，匹配正确率可能急剧下降。基于实验结果与分析总结，将这些参数设置为 $t = 8$，$\tau = 0.35$，$\hat{r} = \max(w, h) / 10$，$\delta = 0.04$，$\eta = 3$，$\varepsilon = 3$，并保持不变。

4.4.3　刚性形变影像匹配实验

1. 定性对比

从数据集 1 中选取几个典型影像对（包括编号为 1、9、11、14 和 15 的影像对）来进行所提算法的定性评估，如图 4.10 所示。编号 1 影像对存在土地利用变化；编号 9 影像对由不同传感器采集得到，采集时间相差十年；编号 11 影像对之间包含有高时相变化与大旋转差异；编号 14 影像对的航向重叠度仅约为 5%；编号 15 影像对由包含严重斑点噪声的多传感器 SAR 影像构成。由于光照、视角、旋转、尺度（GSD）、时间及斑点噪声等差异，在这些影像对上进行匹配将非常具有挑战性。这 5 个影像对的初始匹配正确率分别为 18.85%、2.06%、8.94%、7.47% 和 29.41%。结果如图 4.11～图 4.15 所示。

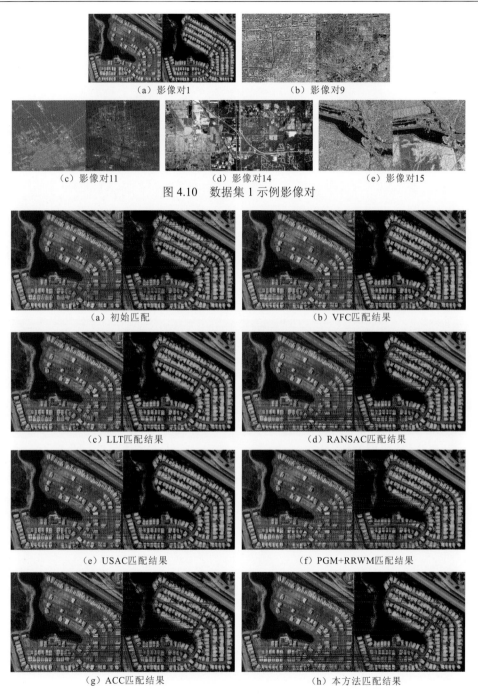

（a）影像对1　　　　　　　　　（b）影像对9

（c）影像对11　　　　　　　（d）影像对14　　　　　　　（e）影像对15

图 4.10　数据集 1 示例影像对

（a）初始匹配　　　　　　　　　　　　　　　　　（b）VFC匹配结果

（c）LLT匹配结果　　　　　　　　　　　　　　　（d）RANSAC匹配结果

（e）USAC匹配结果　　　　　　　　　　　　　　（f）PGM+RRWM匹配结果

（g）ACC匹配结果　　　　　　　　　　　　　　　（h）本方法匹配结果

图 4.11　数据集 1 中影像对 1 实验结果

图中绿色圆点表示特征点，红色直线表示错误匹配点对，蓝色直线为正确匹配点对

为了方便查看，仅随机显示了不多于 100 个匹配点对

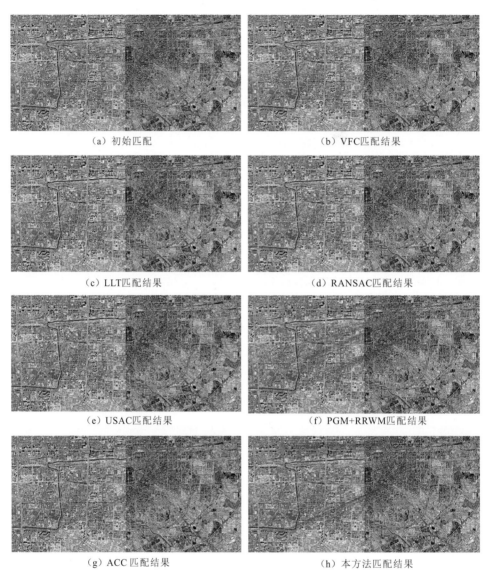

（a）初始匹配　　　　　　　　　　　　（b）VFC匹配结果

（c）LLT匹配结果　　　　　　　　　　　（d）RANSAC匹配结果

（e）USAC匹配结果　　　　　　　　　　（f）PGM+RRWM匹配结果

（g）ACC 匹配结果　　　　　　　　　　（h）本方法匹配结果

图 4.12　数据集 1 中影像对 9 的实验结果

图中绿色圆点表示特征点，红色直线表示错误匹配点对，蓝色直线为正确匹配点对

为了方便查看，仅随机显示了不多于 100 个匹配点对

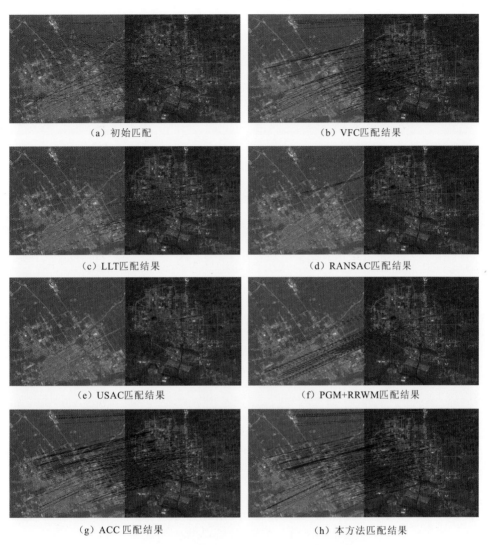

（a）初始匹配　　　　　　　　　　（b）VFC匹配结果

（c）LLT匹配结果　　　　　　　　（d）RANSAC匹配结果

（e）USAC匹配结果　　　　　　　（f）PGM+RRWM匹配结果

（g）ACC 匹配结果　　　　　　　（h）本方法匹配结果

图 4.13　数据集 1 中影像对 11 的实验结果

图中绿色圆点表示特征点，红色直线表示错误匹配点对，蓝色直线为正确匹配点对

为了方便查看，仅随机显示了不多于 100 个匹配点对

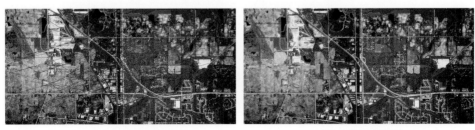

（a）初始匹配　　　　　　　　　　（b）VFC匹配结果

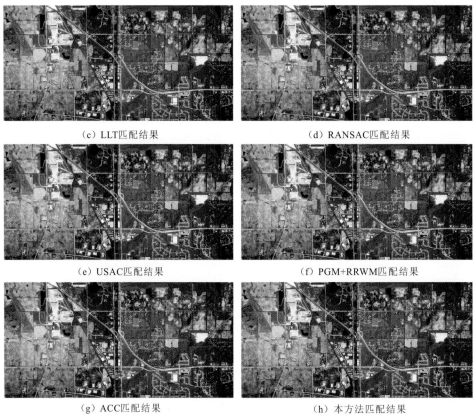

（c）LLT匹配结果　　　　　　　　　　（d）RANSAC匹配结果

（e）USAC匹配结果　　　　　　　　　　（f）PGM+RRWM匹配结果

（g）ACC匹配结果　　　　　　　　　　（h）本方法匹配结果

图 4.14　数据集 1 中影像对 14 的实验结果

图中绿色圆点表示特征点，红色直线表示错误匹配点对，蓝色直线为正确匹配点对

为了方便查看，仅随机显示了不多于 100 个匹配点对。

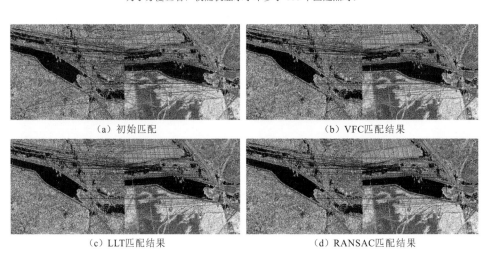

（a）初始匹配　　　　　　　　　　　　（b）VFC匹配结果

（c）LLT匹配结果　　　　　　　　　　（d）RANSAC匹配结果

（e）USAC匹配结果　　　　　　　　　　　（f）PGM+RRWM匹配结果

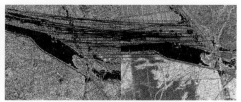

（g）ACC 匹配结果　　　　　　　　　　　（h）本方法匹配结果

图 4.15　数据集 1 中影像对 15 的实验结果

图中绿色圆点表示特征点，红色直线表示错误匹配点对，蓝色直线为正确匹配点对

为了方便查看，仅随机显示了不多于 100 个匹配点对

　　VFC、LLT 和 RANSAC 在具有较高初始匹配正确率的影像对（比如影像对 1 和影像对 15）上效果较好，而在初始匹配正确率较低的影像对（如影像对 9）上效果很差。此外，这些方法检测到的同名点对中仍然包含有许多低精度的噪声匹配点对。该情况在意料之中，因为 VFC 是基于非参数模型的方法，无法对匹配点对进行几何模型下的定量评估；LLT 和 RANSAC 都是基于几何模型的封闭解来剔除粗差点，然而，封闭解可能对噪声比较敏感。USAC 算法在影像对 1 和影像对 15 上的正确率甚至比所提方法更好。但是，USAC 对初始匹配正确率非常敏感，例如，USAC 在影像对 9、影像对 11 和影像对 14 上完全无效，无法提取出任何匹配点对。PGM+RRWM 效果很差，在某些影像对（比如影像对 1 和影像对 15）上的结果甚至比初始 SIFT 匹配还差，因而其不适用于高精度影像匹配问题。ACC 对初始匹配正确率不是非常敏感。它的匹配正确率在影像对 9、影像对 11 和影像对 14 上与所提方法相当。然而，ACC 却在影像对 1 上的匹配正确率很低及在影像对 15 上正确匹配对个数较少。相比之下，所提方法在所有 5 个具有挑战性的影像对上都取得了非常好的结果。对于每个影像对，所提方法仅仅存在少数的低精度噪声匹配点对。由于所提方法采用支持线投票来过滤大部分错误匹配点对，该策略是一种光度约束，对初始匹配正确率不敏感。此外，所提方法还采用仿射不变比率来精化匹配点，并通过局部仿射变换残差对每个匹配点对进行定量评估。因此，所提方法对噪声及低初始匹配正确率具有更好的鲁棒性。

2. 定量对比

图 4.16 展示了在数据集 1 上的定量评价结果，其中，图 4.16（a）～（e）分别为匹配正确率、正确匹配对个数、RMSE、平均误差及最大误差的对比结果。为了对比结果的直观性，将图 4.16（c）和图 4.16（d）中 RMSE 及平均误差值限制在 10 像素以内，大于 10 像素的显示为 10 像素；将图 4.16（e）中最大误差值限制在 20 像素以内，大于 20 像素的显示为 20 像素。由于该数据集初始匹配正确率非常低（15 个影像对中有 8 个影像对的初始匹配正确率低于 10%），该数据集非常具有挑战性。该数据集的平均初始匹配正确率为 16.94%；其平均正确匹配对个数为 50。

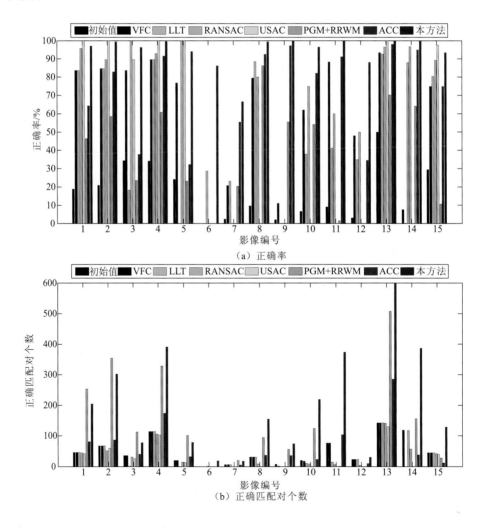

（a）正确率

（b）正确匹配对个数

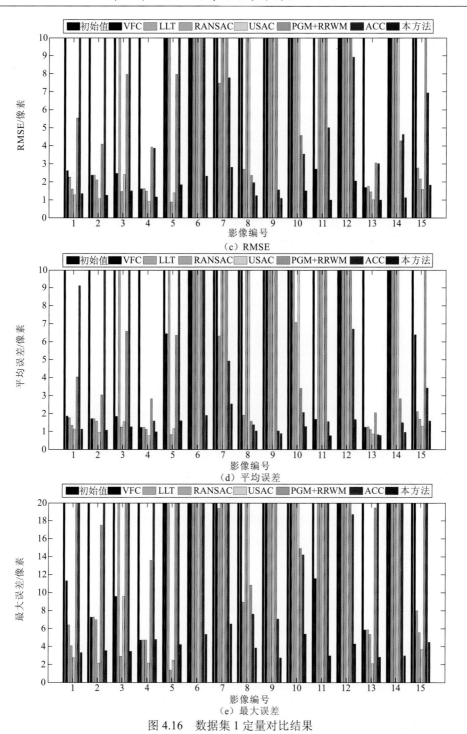

（c）RMSE

（d）平均误差

（e）最大误差

图 4.16　数据集 1 定量对比结果

从图 4.16（a）可以看出，RANSAC 和 USAC 在初始匹配正确率较高的影像对上（比如影像对 1～5）都取得了令人相当满意的正确率。然而，随着初始匹配错误率的增加，RANSAC 和 USAC 的性能显著下降。例如，RANSAC 在影像对 6、影像对 7 和影像对 9 上匹配失败；USAC 在影像对 6～12 及影像对 14 上匹配失败。一般情况下，LLT 的性能比 RANSAC 稍低，即使在具有较高初始匹配正确率的影像对上，其也可能得到较差的匹配结果，如影像对 3。VFC 的性能与 LLT 相近，它们都对低精度噪声匹配点对比较敏感；因此，其在阈值为 3 像素下的精度不是很高。在大多数情况下，PGM＋RRWM 表现不佳，该方法只比初始 SIFT 匹配稍好。实验分析发现，如果把残差小于 15 像素的初始匹配点对认为是正确的同名点对，即把确定匹配点对真值的阈值从 3 像素放松到 15 像素，那么 PGM＋RRWM 的平均正确率将从 38.35% 提高到 72.28%。因此，在 PGM+RRWM 的匹配结果中存在许多低精度的噪声匹配点。ACC 结果比 PGM＋RRWM 好，其似乎对初始匹配正确率不太敏感。因为 ACC 在某些具有较低初始匹配正确率的影像对上（如图像对 7～11）效果较好，而在某些初始匹配正确率较高的影像对上（如图像对 1～5）反而效果较差。相比之下，所提方法在绝大多数影像对中均取得了最高的匹配正确率，尤其是在初始匹配正确率较低的影像对上，例如影像对 6、影像对 7、影像对 9 和影像对 12。

表 4.11 详细列出了每种对比方法的平均正确率与平均正确匹配对个数。根据正确率排名可以看出，所提方法比排名第二的 RANSAC 方法提升了 24.2 个百分比。此外，得益于匹配点扩展策略，所提方法能够找到尽可能多的高精度同名点对，这在图 4.16（b）中显而易见。例如，影像对 10 的初始正确匹配对个数为 20，而所提方法却能提取出高达 220 个高精度匹配点对。总体来看，所提方法的正确匹配对个数大约是初始正确匹配对个数的 4 倍。从图 4.16（c）～（e）中可以得出与图 4.16（a）类似的结论。RANSAC 和 USAC 在影像对 1～5 上具有较小的 RMSE、平均误差和最大误差，而 VFC 和 LLT 则相对较差。如前所述，VFC 是一种非参数方法，其无法对匹配点对进行几何模型下的定量评估；LLT 是基于几何模型的封闭解来剔除粗差点，所估计的变换模型可能会被噪声干扰。这 4 种方法的性能都会随着初始匹配正确率的降低而迅速下降，尤其是 USAC 方法。ACC 在影像对 7～15 上的表现优于这 4 种方法，而在影像对 1～5 上表现较差。相比之下，所提方法具有非常好的鲁棒性和精度。所提方法的 RMSE、平均误差及最大误差的平均值分别是 1.54 像素，1.29 像素和 4.05 像素。从最大误差度量来看，可知所提方法的匹配结果几乎不包含任何粗差。换句话说，所提方法中的错误匹配点对基本为精度相对较低的噪声点对。

表 4.11　数据集 1 的平均正确率与正确匹配对个数对比

指标	NNDR	VFC	LLT	RANSAC	USAC	PGM+RRWM	ACC	本方法
正确率/%	16.8	59.8	50.9	70.3	45.8	38.4	68.7	94.5
正确匹配对个数	50	42	41	34	28	143	64	205

图 4.17 为数据集 2 的定量结果比较，同样包括正确率确匹配对个数、RMSE、平均误差和最大误差的比较。与数据集 1 相比，该模拟数据集比较容易处理，因为其影像对间只存在仿射变换差异和线性辐射差异。由于数据集 2 不存在局部几何畸变，其影像对可以通过仿射变换真值完美配准。该数据集的平均初始匹配正

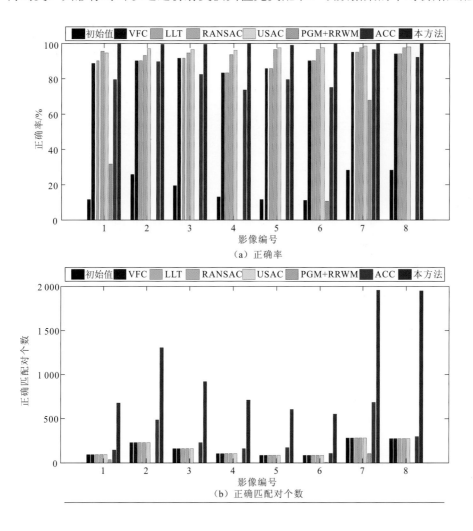

（a）正确率

（b）正确匹配对个数

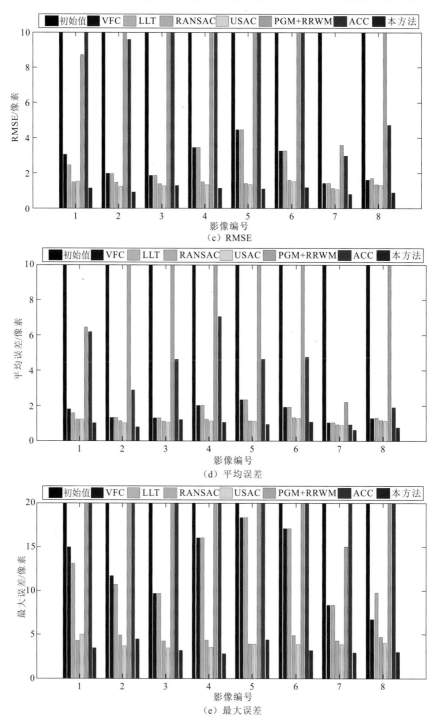

（c）RMSE

（d）平均误差

（e）最大误差

图 4.17　数据集 2 定量对比结果

确率为 18.51%，平均初始正确匹配对个数为 164。除 PGM+RRWM 外，每种方法在该数据集上都取得了较好的效果。PGM＋RRWM 对仿射变换中的各向异性缩放（如影像对 1～6）及大旋转（如影像对 7）非常敏感。RANSAC 和 USAC 的正确率略低于所提方法。VFC 和 LLT 难以有效地区分噪声匹配对与正确匹配对，因而，VFC 和 LLT 的最大误差通常都大于 8 像素。ACC 在影像对 7～8 上的效果比在影像对 1～6 上更好。影像对 1～6 的几何变形仅仅比影像对 7～8 多了各向异性缩放项，因此，可以推断出 ACC 可能对各向异性缩放比较敏感。

表 4.12 列出了每种方法的平均正确率与正确匹配对个数。根据正确率排名，所提方法比排名第二的 USAC 方法提升了 2.6 个百分比。此外，所提方法的平均正确匹配对个数为 1 086，约为平均初始正确匹配对个数的 6.5 倍。USAC 方法的 RMSE、平均误差与最大误差在数据集 2 上的平均值分别为 1.33 像素、1.1 像素和 3.93 像素，而所提方法的 RMSE、平均误差及最大误差平均值分别为 1.06 像素、0.93 像素和 3.44 像素。所提方法采用仿射变换比率约束来精化匹配点，该策略剔除了大部分点位精度较低的噪声匹配点，因而所提方法能够获得最佳的 RMSE 精度。

表 4.12　数据集 2 的平均正确率与正确匹配对个数对比

指标	NNDR	VFC	LLT	RANSAC	USAC	PGM+ RRWM	ACC	本方法
正确率/%	18.5	90.1	90.3	95.7	97.2	13.7	83.6	99.8
正确匹配对个数	164	163	163	164	163	18	286	1 086

4.4.4　非刚性形变影像匹配实验

为了验证所提方法对非刚性形变的鲁棒性，还进行了非刚性形变影像匹配实验，测试数据为数据集 3 的前两个影像对。每个影像对之间存在严重的局部几何畸变。影像对 1 的初始匹配正确率为 44%，初始正确匹配对个数为 799；影像对 2 的初始匹配正确率为 45%，初始正确匹配对个数为 404。图 4.18 给出了定性对比结果。

（a）初始匹配　　　　　　　　　　　　　（b）VFC匹配结果

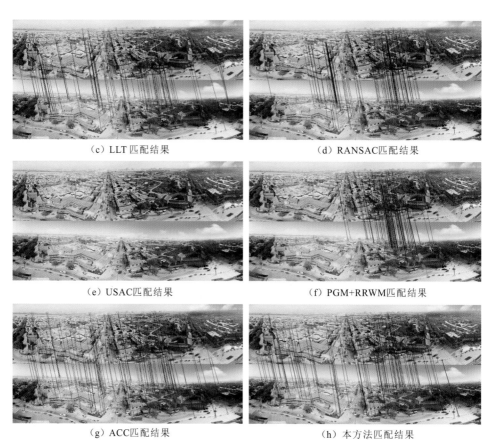

（c）LLT 匹配结果 　　　　　　　　（d）RANSAC匹配结果

（e）USAC匹配结果 　　　　　　　　（f）PGM+RRWM匹配结果

（g）ACC匹配结果 　　　　　　　　（h）本方法匹配结果

图 4.18　数据集 3 中影像对 1 的实验结果

图中绿色圆点表示特征点，红色直线表示错误匹配点对，蓝色直线为正确匹配点对

为了方便查看，仅随机显示了不多于 100 个匹配点对

　　实验结果表明，USAC 无法适用于非刚性形变影像对的匹配问题，其在这两个影像对上均未提取出任何的同名点对；PGM+RRWM 和 VFC 的结果中都保留了大量的错误匹配对；LLT 的性能比 ACC 和 VFC 较优。但是，所有上述方法都不如 RANSAC 方法和所提方法。RANSAC 和所提方法均取得了非常令人满意的匹配正确率。然而，RANSAC 只检测到满足其预设的几何模型的匹配点对，由于较大局部几何畸变的存在，许多正确匹配点对被 RANSAC 当成粗差值而被丢弃。因此，RANSAC 检测的匹配对并不像所提方法一样在重叠区域内呈均匀分布。表 4.13 计算了每个方法的匹配正确率与正确匹配对个数。在影像对 2 上，所提方法正确率比 RANSAC 高 7%。RANSAC 只检测出了初始 SIFT 匹配中大约 50% 的正确匹配对，而所提方法的正确匹配对比初始 SIFT 正确匹配更多。所提方法的

平均正确匹配对个数为 1071，其大约是初始 SIFT 正确匹配的 1.8 倍。图 4.19 显示了每种方法的 RMSE、平均误差及最大误差。再次可以看出，RANSAC 和所提方法明显优于其他方法。

表 4.13 数据集 3 的平均正确率与正确匹配对个数对比

编号	指标	NNDR	VFC	LLT	RANSAC	USAC	PGM+RRWM	ACC	本方法
1	正确率/%	44	70	91	98	0	79	87	98
	正确匹配对个数	799	664	788	338	0	254	463	1 672
2	正确率/%	45	68	87	93	0	57	76	100
	正确匹配对个数	404	361	299	208	0	113	192	469

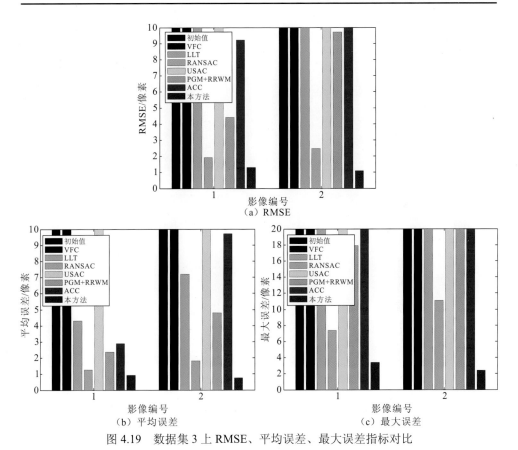

（a）RMSE

（b）平均误差

（c）最大误差

图 4.19 数据集 3 上 RMSE、平均误差、最大误差指标对比

4.4.5　格网仿射变换模型配准实验

所提方法的另一个创新为提出了格网仿射变换模型用于影像配准问题。为了验证该模型比传统全局仿射变换模型更优，采用非刚性形变影像对及低空无人机影像对（即数据集 3 的影像对 3 和影像对 4）进行实验。对于每个影像对，根据估计的几何变换模型将待匹配影像变换到参考影像上。配准后影像即为参考影像与变换后的待匹配影像的简单平均叠加，没有任何额外的消除重影后处理操作。因此，配准后影像中重影现象越少说明配准效果越好，即说明用于配准的模型越好。实验结果如图 4.20 和图 4.21 所示。

（a）影像对3

（b）全局仿射模型配准结果　　　　　　（c）图（b）中红色方框区域

（d）格网仿射模型配准结果　　　　　　　（e）图（d）中红色方框区域

图 4.20　数据集 3 的影像对 3 配准实验对比

采用格网仿射模型替代全局仿射模型来进行影像配准能显著减轻配准重影现象

（a）影像对4

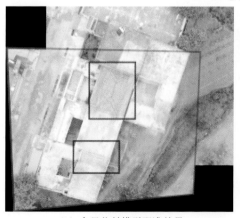

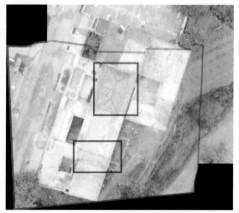

（b）全局仿射模型配准结果　　　　　　　（c）格网仿射模型配准结果

图 4.21　数据集 3 的影像对 4 配准实验对比

采用格网仿射模型替代全局仿射模型来进行影像配准能显著减轻配准重影现象

影像对 3 由一幅广角镜头无人机影像和一幅针孔成像模型无人机影像组成。该广角影像存在严重的径向几何畸变，即距离影像中心越远，几何畸变越大。由于大几何畸变的存在，影像对 3 间的几何关系难以通过全局仿射变换模型进行建模。图 4.20（b）和图 4.20（c）中，红框区域内的重影现象十分严重。比如，建筑物和树木边缘杂乱，配准后影像严重模糊。相比之下，使用格网仿射变换模型获得的配准结果（图 4.20（d）和图 4.20（e））则比较好，其建筑物和树木边缘十分清晰。

影像对 4 由两幅低空无人机影像组成。在该影像对中，由高程起伏引起的像点位移等几何畸变不容忽视。具体而言，影像对 4 中的建筑物顶面和地面分属于不同的平面，其应该分别采用不同的仿射模型来进行建模。然而，全局仿射变换模型采用相同的几何变换来配准屋顶和地面，这势必会造成严重的错位伪影现象。如图 4.21（b）所示，红框内的边缘成倍出现，草地也非常模糊。相比之下，格网仿射模型可以显著地减少错位伪影现象，因为它为建筑物屋顶和地面分别计算了其最佳局部仿射模型。

4.5 本 章 小 结

本章提出了一种基于支持线投票和仿射不变比率的鲁棒性特征匹配方法，并应用于遥感影像的匹配和配准中。首先，将支持线投票技术作为约束来剔除大部分的错误匹配点对，由于其基于光度约束，对低初始匹配正确率具有较好的抗性。该步骤还构建了支持线描述子，为了增加该描述子对局部几何畸变的鲁棒性，采用了自适应直方图技术。此外，观察发现，不论刚性形变遥感影像还是包含非刚性形变遥感影像，其局部范围内都满足放射不变比率约束，因而引入该几何约束来进一步优化支持线投票结果。在该阶段，所有匹配点对都会被多次定量验证，因而进一步提升了所提方法的鲁棒性。所提方法还通过估计的局部仿射变换来寻找出尽可能多的可靠匹配点对及构建用于影像配准的格网仿射变换模型。实验结果表明，所提方法明显优于对比方法，即明显优于 VFC、LLT、RANSAC、USAC、PGM+RRWM 和 ACC 等先进方法。

第5章 l_q 估计子粗差探测模型

第4章主要研究了大几何畸变下的影像匹配问题,尽管实验显示了所提算法具有剔除粗差性能,但是,摄影测量与遥感的几何处理应用对几何精度要求非常高并且需要恢复出影像间的全局几何关系。因而,在这种高精度要求下,第4章中所提方法难以直接应用,还必须进行粗差剔除步骤,尤其是在光束法平差类似应用中。

粗差剔除技术在摄影测量和遥感领域起着重要作用,比如特征匹配中的错误匹配点剔除、相机外定向(camera exterior orientation,CEO)、绝对定向(absolute orientation,AO)及光束法平差等。目前的粗差探测技术,包括选权迭代法和假设检验方法,通常对内点比率(inlier rate)非常敏感,可能会导致优化过程(如光束法平差过程)不收敛或者错误收敛。针对该问题,本章引入 l_q($0<q<1$)估计子及带尺度因子的 Geman-McClure 加权 l_q 估计子来构建更加鲁棒的粗差剔除模型,所提模型能够可靠处理多达 80%的粗差点(Li et al.,2017c,2016a,2016b)。并将其推广至后方交会和绝对定向中,提出了鲁棒性特征匹配(robust feature matching,RFM)、鲁棒性相机外定向(robust camera exterior orientation,RCEO)和鲁棒性绝对定向(robust absolute orientation,RAO)三大算法。

5.1 l_0、l_1、l_2 与 l_q-范数

范数(norm)是一个基本的数学概念,常用于度量向量(或矩阵)的长度或者大小。本章基于 l_q($0<q<1$)范数来构建粗差剔除模型。为了说明所提方法动因及有效性,首先对常用范数的数学定义及其特性进行简介,包括 0-范数(l_0-norm)、1-范数(l_1-norm)、2-范数(l_2-norm)和 q-范数(l_q-norm)。

0-范数:$\|\boldsymbol{X}\|_0$ 表示向量 $\boldsymbol{X}$ 中非零元素的个数。在鲁棒性估计问题的理想情况下,最小化$\|\boldsymbol{X}\|_0$ 即能获取模型的最优估计。然而,0-范数的最优化非常困难。

1-范数:$\|\boldsymbol{X}\|_1$ 表示向量 $\boldsymbol{X}$ 中各元素 x_i 绝对值之和。数学公式如下:

$$\|\boldsymbol{X}\|_1 = \sum_{i=1}^{N} |x_i| \tag{5.1}$$

经过理论证明,1-范数为 0-范数的最优凸近似,通常采用 1-范数来替代 0-范数进

行优化求解。

2-范数：$\|X\|_2$ 表示向量 X 中各元素 x_i 平方和的开平方。数学公式为

$$\|X\|_2 = \sqrt{\sum_{i=1}^{N} x_i^2} \qquad (5.2)$$

2-范数是最小二乘估计的代价函数，常被用于摄影测量平差任务中。2-范数能够最小化向量的整体误差，将内点与粗差等同对待，对粗差没有鲁棒性。

q-范数：$\|X\|_q$ 表示向量 X 中各元素 x_i 的 q 次方和的开 q 次方（（$0<q<1$））。数学公式为

$$\|X\|_q = \left(\sum_{i=1}^{N} |x_i|^q\right)^{\frac{1}{q}} \qquad (5.3)$$

图 5.1 描绘了 1-范数、2-范数、q-范数及 Geman-McClure 加权 q-范数的标量函数曲线。可以看出，2-范数（图中蓝色曲线）为二次型函数并且取值没有边界，因而对粗差非常敏感，不具有鲁棒性。1-范数（图中青色曲线）是最小一乘法 LAD 的代价函数，为线性函数。相比于 2-范数，1-范数的曲线更加平缓，对粗差的鲁棒性更好，但是，1-范数仍然无法消除粗差的影响。q-范数（图中绿色曲线，$q=0.5$）曲线随着 $|x|$ 的取值增加而越加平坦，比 1-范数具有更好的鲁棒性。Geman-McClure 函数加权 q-范数（图中红色曲线，$q=0.5$）的代价曲线为回降函数曲线，其值先随着 $|x|$ 的增加而增加，到达峰值后，随着 $|x|$ 的增加反而减小。由红色曲线可以明显看到，残差越大对系统整体影响越小，因而，Geman-McClure 加权 q-范数非常适宜于粗差探测任务。

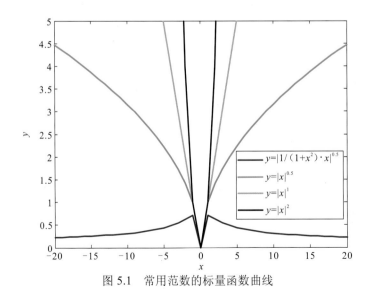

图 5.1　常用范数的标量函数曲线

5.2　基于 l_q 估计子的匹配点粗差探测模型

当观测值被粗差污染时，通常希望模型估计程序能够抵抗粗差的干扰而正确地求解出模型参数并将残差向量 $\boldsymbol{v} = [v_1, v_2, \cdots, v_n]$ 正确地分为内点集（inlier set）$\mathrm{In}(v_i \| |v_i| \approx 0)$ 和外点集（outlier set）$\mathrm{Out}(v_i \| |v_i| \gg 0)$。然而，经典最小二乘估计方法有一个基本前提假设，即观测值必须符合正态分布并且不包含粗差。最小二乘法是一种平差技术，如果观测值中包含粗差，那么，为了减小平差系统的整体误差，它的解会出现较大偏差。与之不同，0-范数则非常适合求解该类问题，其定义就是向量中非零元素个数，也就是统计残差不为零的个数，最小化 0-范数即可获取模型的最优估计。然而，0-范数的代价函数是高度非凸的，其优化求解十分困难。因此，实际通常采用 1-范数进行求解，因为 1-范数是 0-范数的最优凸近似。最近，在 Marjanovic 等（2014，2012）中，稀疏 q-范数展现出了较大潜力，在影像去噪任务中明显优于 1-范数。Chen 等（2010）也证明了 q-范数比 1-范数更加稀疏与鲁棒。受此启发，本书将 q-范数引入摄影测量平差中，提出了基于 l_q 估计子的粗差剔除方法。本章将其应用于影像匹配问题，给出仿射变换下的粗差探测模型并推导该模型的最优求解方法。

5.2.1　问题建模

假设给定相同场景的遥感影像对，首先采用特征匹配方法（如 SIFT）进行初始匹配点提取，得到 N 个初始同名点对 $S_{\mathrm{match}} = \{(\boldsymbol{x}_n, \boldsymbol{y}_n)\}_{n=1}^{N}$，其中 $\boldsymbol{x}_n$ 和 $\boldsymbol{y}_n$ 分别为匹配点对在参考影像及待匹配影像上的二维像点坐标。

如果某一同名点 $(\boldsymbol{x}_n, \boldsymbol{y}_n)$ 是正确可靠匹配对，那么，该同名点对将满足如下关系：

$$\boldsymbol{y}_n = T(\boldsymbol{x}_n) \tag{5.4}$$

式中：$T(\cdot)$ 为全局变换。一般而言，只需从集合 S 中找出 $\tilde{K}$（$\tilde{K} \geqslant 3$）个内点，即可利用经典最小二乘方法求解 $T(\cdot)$：

$$\arg\min_{T} \sum_{n=1}^{\tilde{K}} [\boldsymbol{y}_n - T(\boldsymbol{x}_n)]^2 \tag{5.5}$$

因此，现有的基于假设检验的方法，如 RANSAC 算法，都是采用两步交替迭代策略进行求解，即首先假设内点集，然后利用内点集估计几何模型。此类方法对噪声及高粗差比例较为敏感。还有一类方法，选权迭代法，直接从初始匹配点对中估计模型参数，但当粗差比例达到 50%以上时，该类方法即刻失效。本节提出

一种基于 $l_q(0<q<1)$ 估计子的匹配点粗差剔除方法，该方法对粗差比例较为鲁棒，其代价函数非常简单，如下：

$$\arg\min_{T}\sum_{n=1}^{N}\left\|\boldsymbol{y}_n-T(\boldsymbol{x}_n)\right\|_q^q \tag{5.6}$$

式中：$\|\cdot\|_q$ 为 q-范数。众所周知，遥感影像所摄场景的高程范围与传感器飞行高度相比非常小，特别是卫星和航空影像。因而，与目前大多数方法一样，本书使用仿射变换作为全局变换 $T(\cdot)$ 的近似：

$$T(\boldsymbol{x}_n)=\boldsymbol{A}\boldsymbol{x}_n+\boldsymbol{t} \tag{5.7}$$

式中：$\boldsymbol{A}$ 为仿射矩阵；$\boldsymbol{t}$ 为平移向量。因此，该方法的最终代价函数如下：

$$\arg\min_{\boldsymbol{A},\boldsymbol{t}}\sum_{n=1}^{N}\left\|\boldsymbol{y}_n-(\boldsymbol{A}\boldsymbol{x}_n+\boldsymbol{t})\right\|_q^q \tag{5.8}$$

该代价函数是一个非凸非平滑函数，对其直接优化求解非常困难。因此，与 Marjanovic 等（2012）一致，将该问题转化为带 q-范数惩罚项的最小二乘问题（l_q-norm penalized least squares，l_qLS）。首先，在式（5.8）中引入辅助变量 $\tilde{\boldsymbol{M}}=\{\tilde{\boldsymbol{m}}_n\}_{n=1}^{N}$，将其改写为

$$\arg\min_{\boldsymbol{A},\boldsymbol{t},\tilde{\boldsymbol{M}}}\sum_{n=1}^{N}\left\|\tilde{\boldsymbol{m}}_n\right\|_q^q \; 满足 \; \boldsymbol{\varepsilon}_n=[\boldsymbol{y}_n-(\boldsymbol{A}\boldsymbol{x}_n+\boldsymbol{t})]-\tilde{\boldsymbol{m}}_n=0 \tag{5.9}$$

此方程为带约束条件的优化函数，通常采用拉格朗日（Lagrangian）函数将其重新表达为无约束条件函数。然而，该函数为非凸函数，利用对偶上升法（dual ascent）可能会求解失败。幸运的是，增广拉格朗日方法（augmented Lagrangian methods）没有严格凸函数的假设前提，当目标函数为非凸函数时，其也可以正确收敛。因此，将式（5.9）进行增广拉格朗日改写

$$\begin{aligned}
L_{\tilde{\rho}}(\boldsymbol{A},\boldsymbol{t},\tilde{\boldsymbol{M}},\boldsymbol{\Lambda}) &= \sum_{n=1}^{N}\left(\|\tilde{\boldsymbol{m}}_n\|_q^q+\boldsymbol{\lambda}_n^T\boldsymbol{\varepsilon}_n+\frac{\tilde{\rho}}{2}\|\boldsymbol{\varepsilon}_n\|_2^2\right)\\
&= \sum_{n=1}^{N}\left(\|\tilde{\boldsymbol{m}}_n\|_q^q+\frac{\tilde{\rho}}{2}\|\frac{\boldsymbol{\lambda}_n}{\tilde{\rho}}+\boldsymbol{\varepsilon}_n\|_2^2-\frac{1}{2\tilde{\rho}}\|\boldsymbol{\lambda}_n\|_2^2\right)
\end{aligned} \tag{5.10}$$

式中：$\boldsymbol{\Lambda}=\{\boldsymbol{\lambda}_n\}_{n=1}^{N}$ 是对偶变量或称为拉格朗日乘子；$\tilde{\rho}>0$ 是惩罚参数。

在上述函数中，一共包含有两组变量参数，一组为仿射变换参数 $(\boldsymbol{A},\boldsymbol{t})$，另一组为辅助变量 $\boldsymbol{M}$。因此，为了简化该问题，使用 ADMM 将该函数分解为三个子问题。ADMM 算法同时结合了基本乘法子方法的优越收敛性和对偶上升法的可分解性，此为选择 ADMM 替代基本乘法子方法的主要原因。采用 ADMM 分解得到三个子问题：

子问题 1： $$\tilde{\boldsymbol{M}}^{k+1}:=\arg\min_{\tilde{\boldsymbol{M}}}L_{\tilde{\rho}}(\boldsymbol{A}^k,\boldsymbol{t}^k,\tilde{\boldsymbol{M}},\boldsymbol{\Lambda}^k) \tag{5.11}$$

子问题 2： $$(A^{k+1}, t^{k+1}) := \arg\min_{A,t} L_{\tilde{\rho}}(A, t, \tilde{M}^k, \Lambda^k) \quad (5.12)$$

子问题 3： $$\lambda_i^{k+1} := \lambda_i^k + \tilde{\rho}\varepsilon_i \quad i = 1, 2, \cdots, n \quad (5.13)$$

式中：上标 k 表示迭代计数器。与对偶上升法类似，子问题 1 和子问题 2 为变量 $(A, t, \tilde{M})$ 最小化步骤，子问题 3 为对偶变量更新步骤。在子问题 1 中，仿射变换参数 (A, t) 为固定变量，只有变量 $\tilde{M}$ 是待估计变量。同样，仿射变换参数 (A, t) 是子问题 2 中的待估计变量，其他变量则为固定值。ADMM 在这三个步骤之间交替迭代，直至收敛。关于增强拉格朗日方法和 ADMM 的更多细节信息详见文献 Boyd 等（2011）。

结合式（5.10）和式（5.11），子问题 1 可以具体化为

$$
\begin{aligned}
\arg\min_{\tilde{M}} L_{\tilde{\rho}}(A^k, t^k, \tilde{M}, \Lambda^k) &= \arg\min_{\tilde{M}} \sum_{n=1}^{N}\left(\|\tilde{m}_n\|_q^q + \frac{\tilde{\rho}}{2}\|\frac{\lambda_n}{\tilde{\rho}} + \varepsilon_n\|_2^2 - \frac{1}{2\tilde{\rho}}\|\lambda_n\|_2^2 \right) \\
&= \arg\min_{\tilde{M}} \sum_{n=1}^{N}\left(\|\tilde{m}_n\|_q^q + \frac{\tilde{\rho}}{2}\|\frac{\lambda_n}{\tilde{\rho}} + (y_n - (Ax_n + t)) - \tilde{m}_n\|_2^2 \right) \\
&= \arg\min_{\tilde{M}} \sum_{n=1}^{N}\left(\|\tilde{m}_n\|_q^q + \frac{\rho}{2}\|\tilde{\delta}_n - \tilde{m}_n\|_2^2 \right)
\end{aligned}
$$

$$(5.14)$$

同理，结合式（5.10）和式（5.12），子问题 2 可以具体化为

$$
\begin{aligned}
\arg\min_{A,t} L_{\tilde{\rho}}(R, t, \tilde{M}^k, \Lambda^k) &= \arg\min_{A,t} \sum_{n=1}^{N}\left(\|\tilde{m}_n\|_q^q + \frac{\tilde{\rho}}{2}\|\frac{\lambda_n}{\tilde{\rho}} + \varepsilon_n\|_2^2 - \frac{1}{2\tilde{\rho}}\|\lambda_n\|_2^2 \right) \\
&= \arg\min_{A,t} \sum_{n=1}^{N}\left\{ \frac{\tilde{\rho}}{2}\left\|\frac{\lambda_n}{\tilde{\rho}} + [y_n - (Ax_n + t)] - \tilde{m}_n\right\|_2^2 \right\} \\
&= \arg\min_{A,t} \sum_{n=1}^{N}\left[\frac{\rho}{2}\|\gamma_n - (Ax_n + t)\|_2^2 \right]
\end{aligned}
$$

$$(5.15)$$

式中：$\tilde{\delta}_n = \frac{\lambda_n}{\tilde{\rho}} + [y_n - (Ax_n + t)]$；$\gamma_n = \frac{\lambda_n}{\tilde{\rho}} + y_n - \tilde{m}_n$。这两个均为辅助变量，其作用仅为保持方程的简洁性。

式（5.14）即为构建的带 q-范数惩罚项的最小二乘（l_qLS）函数，并且每个变量 $\tilde{m}_i$ 都可以独立求解。首先，仅考虑式（5.14）的标量版本求解问题

$$\arg\min_{\tilde{m}}\left(\|\tilde{m}\|_q^q + \frac{\tilde{\rho}}{2}\|\tilde{\delta} - \tilde{m}\|_2^2 \right) = \arg\min_{\tilde{m}}\left(\tilde{m}^q + \frac{\tilde{\rho}}{2}(\tilde{\delta} - \tilde{m})^2 \right) \quad (5.16)$$

经 Marjanovic 等（2014，2012）证明，上述方程的最优解 $\tilde{m}$ 为

$$\tilde{\boldsymbol{m}} = \begin{cases} 0, & \text{当} |\tilde{\delta}| < \tau_a \\ \{0, \text{sgn}(\tilde{\delta})\beta_a\}, & \text{当} |\tilde{\delta}| = \tau_a \\ \text{sgn}(\tilde{\delta})\beta_*, & \text{当} |\tilde{\delta}| > \tau_a \end{cases} \tag{5.17}$$

其中

$$\beta_a = \left[\frac{2}{\tilde{\rho}}(1-q)\right]^{\frac{1}{2-q}}, \quad \tau_a = \beta_a + \frac{q}{\tilde{\rho}}\beta_a^{q-1} \tag{5.18}$$

$\text{sgn}(\cdot)$ 是符号函数；$\beta_* > 0$ 并且满足方程 $\beta_* + \frac{q}{\tilde{\rho}}\beta_*^{q-1} = |\tilde{\delta}|$，该方程有两个解，其中 $\beta_* \in (\beta_a, |\tilde{\delta}|)$ 为较大解。将 β_* 初始值设为 $\beta^0 = (\beta_a + |\tilde{\delta}|)/2$，然后通过如下迭代过程求解

$$\beta^{k+1} = f(\beta^k), \quad f(\beta) = |\tilde{\delta}| - \frac{q}{\tilde{\rho}}\beta^{q-1} \tag{5.19}$$

Marjanovic 等（2014，2012）指出该过程通常只需两次迭代即可收敛。

在子问题 1 中，变量 $\tilde{\boldsymbol{m}}_i$ 是二维向量，因而式（5.17）不能直接应用。幸运的是，对式（5.14）的各个坐标分量进行最小化操作，即可将其转化为标量进行求解，此解为 l_qLS 问题的坐标级（coordinate-wise）最优解。有关 l_qLS 问题的更多细节详见 l_q 循环下降算法（l_q cyclic descent，l_qCD）（Marjanovic et al.，2014）。

子问题 2 为经典线性最小二乘函数，可以通过法方程求解。在估计出全局仿射变换 $T(\cdot)$ 之后，基于残差向量可以剔除初始匹配点对中的粗差点，并且可以利用该变换将影像精确配准。

5.2.2 实现细节

所提方法一共拥有 6 个自由度，其中，仿射矩阵包含 4 个，平移向量包含 2 个。理论上讲，只需三个非共线正确匹配点对即可求解其封闭解。然而，匹配点中不可避免地包含有误差，这些误差会对封闭解产生干扰。在实际应用中，一般采用更多的内点来进行模型估计，利用多余观测值来提高整个系统的准确性及鲁棒性。对于遥感影像对，特征匹配方法能够提供成百上千对初始匹配点。然而，过多的匹配点对不仅不会提高模型估计精度，反而会降低系统的运行效率。因此，所提方法首先从初始匹配点集中采样 M（$M<N$）（真实实验中 M 取值 100）个匹配对来估计仿射变换，然后利用所估计的仿射变换来剔除原始初始匹配点集中的粗差点。随机抽样是一个简单易行的采样策略。然而，该方法不具有侧重性，即每个匹配对被抽中的概率都是等同的。

而对于影像匹配问题，可以利用匹配点得分来筛选出可靠性更大的匹配对。具体实施细节如下，对初始匹配对按匹配得分进行降序排序，选取最靠前的 M 个匹配对用于模型估计。算法 1 总结了所提方法的具体细节。

算法1： 基于 l_q 估计子的错误匹配点剔除

输入： 遥感影像对 (I_1, I_2)

输出： 同名点对 $C_{corect} = \{(x_n, y_n)\}_{n=1}^{\tilde{K}}$ 和仿射变换 T'

1　利用 SIFT 提取影像 (I_1, I_2) 的初始匹配点对 $S_{match} = \{(x_n, y_n)\}_{n=1}^{N}$；

2　对 $S_{match} = \{(x_n, y_n)\}_{n=1}^{N}$ 进行重心化处理；

3　基于匹配分值对 S_{match} 进行排序，选取分值最高的 M 个匹配点对 $Sub = \{(x_n, y_n)\}_{1}^{M}$；

4　在匹配点子集 Sub 上采用 l_q 估计子估计仿射变换 T'，并根据残差筛选出正确匹配对 Sub_{inlier}；

5　在正确匹配对 Sub_{inlier} 上利用线性最小二乘方法进一步优化仿射变换模型 T'；

6　根据仿射变换 T' 筛选出 $S_{match} = \{(x_n, y_n)\}_{n=1}^{N}$ 中所有正确匹配点对 $C_{corect} = \{(x_n, y_n)\}_{n=1}^{\tilde{K}}$。

5.2.3　实验结果

本节首先在模拟数据上进行最优参数学习及参数敏感性分析，然后分别采用模拟实验和真实实验来对所提算法进行定性与定量评估。

1. 参数学习

影像特征匹配的模拟过程为：假设给定一幅大小为 $1\,000 \times 1\,000$ 像素的遥感影像 I_1，以影像中心为原点随机生成 100 个二维点坐标 $\{x_n\}_1^{100}$。$\{x_n\}_1^{100}$ 的横纵坐标均分布于 $[-500, 500]$ 区间内。然后，随机生成真值全局仿射变换 $T(\cdot)$。具体而言，随机在区间 $[-\pi/2, \pi/2]$ 内生成旋转角度并构建 2×2 旋转矩阵 $\boldsymbol{R}$，将 $\{x_n\}_1^{100}$ 的平均值作为平移向量 $\boldsymbol{t}$，并在区间 $[-0.5, 1.5]$ 内随机生成 2×1 各向异性尺度向量 $\boldsymbol{s}$。利用真值仿射变换 $T(\cdot)$ 根据如下公式生成 $\{x_n\}_1^{100}$ 在影像 I_2 中的同名点真值坐标 $\{y_n^{true}\}_1^{100}$：

$$y_n^{true} = sRx_n + t \tag{5.20}$$

为了使模拟过程更加接近实际，向同名点真值坐标 $\{y_n^{true}\}_1^{100}$ 中加入均值为 0 像素标准差为 2 像素的高斯分布随机噪声，得到 $\{\bar{y}_n\}_1^{100}$。从 $\{\bar{y}_n\}_1^{100}$ 中随机选取 50 个点并加上随机误差，其中随机误差分布区间为 $[-500, 500]$（分布区间为整个影像区间），得到最终同名点坐标集合 $\{\boldsymbol{y}_n\}_1^{100}$。被加入误差的 50 个点对即为粗差点，同名点对集合 $\{\boldsymbol{x}_n,\boldsymbol{y}_n\}_1^{100}$ 的粗差比例为 50%。

接着，将 $\{\boldsymbol{x}_n,\boldsymbol{y}_n\}_1^{100}$ 作为输入值，利用所提 l_q 估计子求解仿射变换 T' 并计算每个匹配点对在 T' 下的残差，将残差大于 3 像素的点作为粗差点剔除，得到过滤后的匹配对 $C_{\text{corect}}=\{(\boldsymbol{x}_n,\boldsymbol{y}_n)\}_{n=1}^{\tilde{K}}$。对匹配结果，采用 5 个评价指标进行定量评估，包括 RMSE、正确率（Precision）、召回率（Recall）、总体得分（F-score）及成功率。Precision 描述了过滤后的匹配对 $C_{\text{corect}}=\{(\boldsymbol{x}_n,\boldsymbol{y}_n)\}_{n=1}^{\tilde{K}}$ 在真值变换 $T(\cdot)$ 下的正确比例，即在 $T(\cdot)$ 下残差小于 3 像素的点所占比例。Recall 是 C 中正确匹配点个数与 $\{\boldsymbol{x}_n,\boldsymbol{y}_n\}_1^{100}$ 中正确匹配对个数（本实验为 50）的比值，其反映了算法的查全率。F-score 对 Precision 和 Recall 两个指标进行了综合，计算公式如下：

$$\text{F-score}=\frac{2\text{Precision}\cdot\text{Recall}}{\text{Precision}+\text{Recall}} \tag{5.21}$$

由于上述模拟实验具有随机性，为了验证所提算法的稳定性，在相同配置条件下对每个实验重复 1 000 次（称为 1 组），统计算法的 RMSE、Precision、Recall、F-score 平均值作为最终指标。此外，对于每次实验，若其 RMSE 小于 1.5 倍的噪声水平，则认为此次实验解算成功并统计 1 组实验的成功率。

所提 l_q 模型主要包含 3 个参数，即 q、$\tilde{\rho}$ 和 $\tilde{\alpha}$。参数 q 为 l_q 范数参数，其取值范围为 $(0,1)$；惩罚参数项 $\tilde{\rho}$ 并非定值，其值随迭代次数而改变，因而，此处的 $\tilde{\rho}$ 表示初始迭代取值，$\tilde{\alpha}$ 为惩罚参数的迭代步长，即每次迭代后，有 $\tilde{\rho}^{k+1}=\tilde{\alpha}\tilde{\rho}^k$。基于上述模拟过程，设计了三个独立实验分别对参数 q、$\tilde{\rho}$ 及 $\tilde{\alpha}$ 进行学习，其中每个实验只有一个参数作为变量，其他参数为固定值。实验设置细节详见表 5.1。对于每个参数，进行 1 组独立实验（1 000 次），并统计上述 5 个评价指标，实验结果总结于表 5.2～表 5.4 中。需要注意的是，若某次实验解算失败，本节将其 RMSE 值赋为 2 倍的噪声标准差。

表 5.1　实验参数设置细节

实验	变量	固定参数
参数 q	$q=[0.1,0.2,0.3,0.4,0.5,0.6,0.7,0.8,0.9]$	$\tilde{\rho}=3\times10^{-4}$，$\tilde{\alpha}=1.65$
参数 $\tilde{\alpha}$	$\tilde{\alpha}=[0.85,1.05,1.25,1.45,1.65,1.85,2.05,2.25,2.45]$	$q=0.2$，$\tilde{\rho}=3\times10^{-4}$
参数 $\tilde{\rho}$	$\tilde{\rho}=6\times10^{-6}\times5^{\hat{\varphi}}$ $\hat{\varphi}=[1,2,3,4,5,6,7,8,9]$	$q=0.2$，$\tilde{\alpha}=1.45$

表 5.2 参数 q 实验结果

指标	q，$\tilde{\rho}=3\times10^{-4}$，$\tilde{\alpha}=1.65$								
	0.1	0.2	0.3	0.4	0.5	0.6	0.7	0.8	0.9
Precision/%	99.8	99.8	99.6	98.6	99.6	96.8	90.8	67.3	29.0
Recall/%	96.8	96.5	93.5	92.3	90.6	77.2	56.1	29.7	4.1
F-score/%	97.3	96.9	94.4	93.8	91.9	79.7	59.5	32.8	5.1
RMSE/像素	1.9	1.9	2.0	2.0	2.1	2.4	2.9	3.5	3.9
成功率/%	96.4	96.2	92.2	91.4	88.0	73.2	50.4	24.4	2.6

表 5.3 参数 $\tilde{\alpha}$ 实验结果

指标	$\tilde{\alpha}$，$q=0.2$，$\tilde{\rho}=3\times10^{-4}$								
	0.85	1.05	1.25	1.45	1.65	1.85	2.05	2.25	2.45
Precision/%	1.3	1.4	90.0	100.0	100.0	99.6	97.4	92.9	81.6
Recall/%	0.1	0.1	11.5	99.5	96.0	91.2	77.0	58.4	37.1
F-score/%	0.1	0.1	18.9	99.6	96.5	92.3	79.5	62.2	41.4
RMSE/像素	4.0	4.0	4.0	1.8	1.9	2.0	2.4	2.9	3.3
成功率/%	0.0	0.0	0.0	99.6	95.4	89.4	72.8	51.8	29.8

表 5.4 参数 $\tilde{\rho}$ 实验结果

指标	$\hat{\varphi}$，$\tilde{\rho}=6\times10^{-6}\times5^{\hat{\varphi}}$，$q=0.2$，$\tilde{\alpha}=1.45$								
	1	2	3	4	5	6	7	8	9
Precision/%	100.0	100.0	100.0	100.0	100.0	100.0	100.0	75.8	6.2
Recall/%	99.5	99.2	99.0	99.5	99.5	99.0	99.7	66.9	2.2
F-score/%	99.6	99.3	99.2	99.6	99.6	99.2	99.8	67.6	2.3
RMSE/像素	1.8	1.8	1.9	1.8	1.8	1.9	1.9	2.6	4.0
成功率/%	99.4	99.0	99.0	100.0	100.0	99.4	100	66.4	2.0

从实验结果可知，q 值越大，算法性能越差；然而，q 值太小又会对噪声比较敏感，因而，本书中 q 取值 0.2。从表 5.3 中可知，成功率曲线近似于抛物线，较大及较小的 $\tilde{\alpha}$ 取值均会较大地影响算法的成功率，当 $\tilde{\alpha}=1.45$ 时，算法性能最优。惩罚参数 $\tilde{\rho}$ 的初始值对算法性能影响相对较小。基于上述实验结果，将这些参数设置为 $q=0.2$、$\tilde{\alpha}=1.45$、$\tilde{\rho}=6\times10^{-6}\times5^5$，并保持不变。总体而言，所提 l_q 模型对参数依赖性较强，不同参数值可能导致全然不同的结果，大大影响了算法

的实用性，这也是后续提出加权 l_q 估计子的根本原因。

2. 模拟实验对比

该节通过模拟实验来对比所提 l_q 模型、经典选权迭代法及 RANSAC 类方法，其中，选权迭代法包括 Huber 权函数法、Cauchy 权函数法、Geman-McClure 权函数法、Welsch 权函数法和 tukey 权函数法 5 种，RANSAC 类方法包括经典的 RANSAC 方法和 RRANSAC 方法两种。

模拟实验过程与上节类似，区别在于，上节中将粗差比例设为定值 50%，该节中将粗差比例（用 n_{out} 表示）作为变量来评估算法对粗差比例的敏感性。具体而言，固定内点个数为 50，将粗差比例 n_{out} 从 10% 递增至 90%，根据粗差比例得到 $N = 50 / (1 - n_{out})$ 个匹配点。然后，随机选取 $N - 50$ 个点加入随机误差并进行实验。图 5.2 分别展示了 5 个指标的实验对比结果。

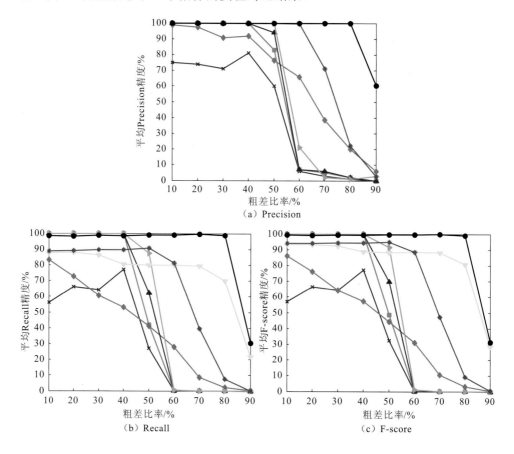

（a）Precision

（b）Recall

（c）F-score

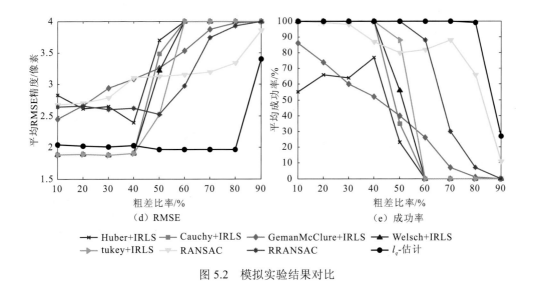

（d）RMSE　　　　　　　　　（e）成功率

－✱－ Huber+IRLS　－■－ Cauchy+IRLS　－◆－ GemanMcClure+IRLS　－▲－ Welsch+IRLS

－▶－ tukey+IRLS　－▼－ RANSAC　－✚－ RRANSAC　　　　－●－ l_q-估计

图 5.2　模拟实验结果对比

　　图 5.2（a）反映了各个方法的 Precision 精度，可以看出，所提 l_q 模型和 RANSAC 算法精度最高，对粗差比例抗性最好，即使粗差比例高达 80%，其 Precision 精度依然接近 100%。然而，在图 5.2（b）中，RANSAC 方法的 Recall 精度较低。因而，综合 Precision 和 Recall 精度，所提方法的 F-score 精度在所有 8 种对比方法中排名第一，远远优于其他方法。当粗差比例小于 50% 时，Cauchy 权函数法、Welsch 权函数法和 tukey 权函数法效果很好，其 RMSE 甚至小于所提方法。然而，一旦粗差比例达到 50%，这些方法就完全失效，因而，图 5.2 中曲线呈现断崖式突变。Huber 权函数法和 Geman-McClure 权函数法则表现较差，即使在粗差比例小于 50% 时，其实验结果依然不甚理想。RRANSAC 方法性能与 RANSAC 较为相似。从图 5.2（d）可以看出，在粗差比例为 80% 以内时，所提算法的 RMSE 与噪声水平相当。图 5.2（e）描述了每种方法在 1 000 次试验下的成功率。当粗差比例高于 30% 后，RANSAC 方法变得不甚稳定，成功率均低于 90%，这也是 RANSAC 的 RMSE 值较大的主要原因。反观所提算法，直至粗差比例 80% 时，所提算法的成功率依然接近于 100%。

3. 真实实验对比

1）实验配置

　　由于选权迭代法在粗差比例达到 50% 时就完全失效，因而，本节选取几个效果较好的鲁棒性特征匹配方法来替代选权迭代法进行对比，共包括 LLT、VFC、CSM、FSC 和 RANSAC 5 种方法。每种方法的算法参数根据其原文献设置，并在所有实验中保持一致。为了比较的公平性，除 FSC 外，其他算法实现代码都是从作者个人网站上获取得到。所有实验源码均采用 MATLAB R2014b 编写，笔记本硬件配置条件为单核 I5-3210M CUP@2.5 GHz，8 G 内存。

实验数据选自 ERDAS 示例数据，共包含 11 个假彩色航空影像对（https://download.hexagongeospatial.com/en/downloads/imagine/erdas-imagine-remote-sensing-example-data）。影像数据采集地位于美国伊利诺斯州，影像大小分布于 1 391×1 374 像素与 1 459×1 380 像素之间。为了进行定量评价，需获取影像对的真实几何变换。由于实际数据不存在几何变换真值，通常将其近似值作为真值。如第 4 章所述，对于每个影像对，手动选取 5 个具有亚像素精度且均匀分布的同名点对，然后采用线性最小二乘方法估计仿射变换作为真值的近似值。初始匹配点都是基于 OPENCV 实现的 SIFT 算法提取得到，NNDR 设为 0.9。将真值变换应用于初始匹配点，若匹配点残差小于 3 像素，则认为该点为真值内点。将 Precision 和 Recall 作为算法评价指标。

2）定性对比

图 5.3 和图 5.4 分别显示了上述 5 种方法在编号 1 和编号 10 影像对上的匹配结果。编号 1 和编号 10 的影像对分别具有非常小的水平重叠度和垂直重叠度，重叠度均小于影像大小的 5%，从而导致特征匹配粗差比例很高，给影像匹配带来巨大挑战。在图 5.3 中，VFC 方法完全失败，而在图 5.4 中，LLT 方法完全失败，均未得到任何匹配点。可见，LLT 方法和 VFC 方法均不稳定。此外，即使匹配成功，LLT 和 VFC 方法的结果中依然保留了较多的错误匹配点对。CSM 方法表现最差，其检测得到的匹配点均为错误匹配点。RANSAC 方法和 FSC 方法则明显优于上述方法，取得了较好的 Precision 精度，然而，RANSAC 方法和 FSC 方法的查全率不高。反观所提算法，其在这两个影像对上均没有错误匹配点，即 Precision 为 100%；此外，所提算法的查全率远远高于 RANSAC 类方法，因而，其正确匹配对个数更多。

（a）LLT 结果   （b）VFC 结果

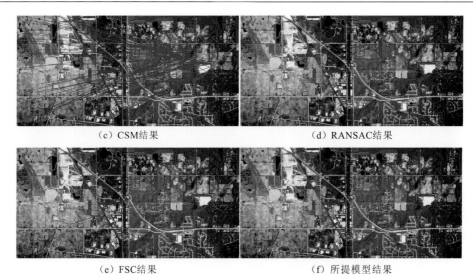

（c）CSM结果　　　　　　　　　　　（d）RANSAC结果

（e）FSC结果　　　　　　　　　　　（f）所提模型结果

图 5.3　编号 1 影像对实验结果对比

图中蓝线表示正确匹配对，红线表示错误匹配对

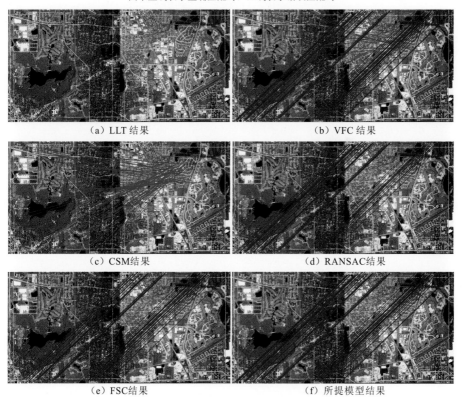

（a）LLT结果　　　　　　　　　　　（b）VFC结果

（c）CSM结果　　　　　　　　　　　（d）RANSAC结果

（e）FSC结果　　　　　　　　　　　（f）所提模型结果

图5.4　编号10影像对实验结果对比

图中蓝线表示正确匹配对，红线表示错误匹配对

3）定量对比

图 5.5 给出了定量对比结果。图 5.5（a）为数据集的初始匹配正确率累积分布（cumulative distribution）图。该数据集的平均内点比例仅为 8.01%，同时意味着其平均粗差比例高达 91.99%。如此低的正确匹配率（最低为 3.46%）说明了该数据集的挑战性。图 5.5（b）显示了每个方法的 Precision 和 Recall 精度，其中，每个点代表一个（precision，recall）对。从该图可知，只有 RANSAC、FSC 和所提方法能够在所有影像对上均取得高 Precision 精度；并且只有所提算法能取得高 Recall 精度。LLT、VFC、CSM、FSC、RANSAC 和所提算法的平均（precision，recall）值分别为（54.5%，58.16%）、（30.17%，36.36%）、（21.69%，25.15%）、（96.42%，78.95%）、（96.74%，75.82%）和（98.41%，100%）。相比于排名第二的 RANSAC 方法（依 Precision 进行排名），所提算法在 Precision 上提升了 1.67 个百分点，在 Recall 上提升了 24.18 个百分点。

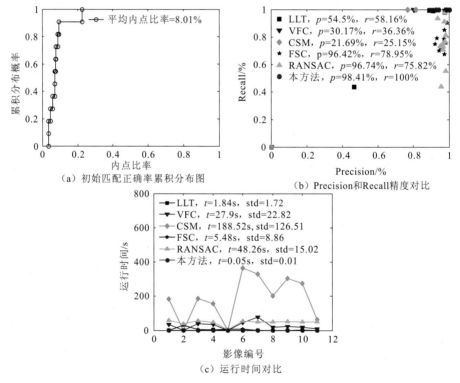

（a）初始匹配正确率累积分布图　　　　（b）Precision 和 Recall 精度对比

（c）运行时间对比

图 5.5　真实实验定量对比结果

图 5.5（c）绘制了每种算法的平均运行时间曲线。直观可见，所提算法、FSC 及 LLT 方法运行效率较高；VFC 和 RANSAC 方法通常需要几十秒；CSM 运行速

度最慢。LLT、VFC、CSM、FSC、RANSAC 和所提算法的平均（运行时间，标准差）值分别为（1.84，1.72）、（27.9，22.82）、（188.52，126.51）、（5.48，8.86）、（48.26，15.02）和（0.05，0.01）。所提方法在该数据集上的运行速度比 LLT 快 30＋倍，比 FSC 快 100＋倍，比 RANSAC 快 900＋倍。此外，所提算法运行时间非常稳定，其标准差仅为 0.01 s。

　　由上述对比分析可以得出几点结论：首先，所提 l_q 模型具有较好的鲁棒性，能够用于摄影测量的粗差剔除任务；其次，l_q 模型对粗差比例不敏感，能有效处理高达 80% 的粗差点，克服了经典的选取迭代法及 RANSAC 类方法的缺点；再次，在粗差比例较高时，所提算法具有更高的运行效率；最后，所提 l_q 模型对参数比较敏感，不同参数导致完全不同的结果，并且不同数据的最优参数也可能大不相同，这将严重限制其实用性。

5.3　加权 l_q 估计子

5.3.1　基于加权 l_q 估计子粗差探测模型

　　假设给定两组包含粗差的观测值集合 $\{\hat{\boldsymbol{x}}_n\}_1^N$ 和 $\{\hat{\boldsymbol{y}}_n\}_1^N$，并且观测值 $(\hat{\boldsymbol{x}}_n, \hat{\boldsymbol{y}}_n)$ 之间的几何关系能够被函数 f 描述，如果 $(\hat{\boldsymbol{x}}_n, \hat{\boldsymbol{y}}_n)$ 是模型 f 下的内点，则有

$$\hat{\boldsymbol{y}}_n = f(\hat{\boldsymbol{x}}_n, \hat{\boldsymbol{\delta}}) \tag{5.22}$$

式中：$\hat{\boldsymbol{\delta}}$ 表示函数 f 的参数向量，即待估计参数。如果观测值中没有粗差，该问题可以通过最小二乘平差来解决：

$$\min_{\hat{\boldsymbol{\delta}}} \sum_{n=1}^{N} \| f(\hat{\boldsymbol{x}}_n, \hat{\boldsymbol{\delta}}) - \hat{\boldsymbol{y}}_n \|^2 \tag{5.23}$$

式中：$\|\cdot\|_2$ 为 2-范数。如上所述，大部分应用中观测值粗差无法避免，最小二乘法将不再适用。本节基于加权 l_q 估计子设计一个新的粗差探测框架。该方法能够直接基于 $\{\hat{\boldsymbol{x}}_n\}_1^N$ 和 $\{\hat{\boldsymbol{y}}_n\}_1^N$ 精确估计出 $\hat{\boldsymbol{\delta}}$。新的目标代价函数为

$$\arg\min_{\hat{\boldsymbol{\delta}}} \sum_{n=1}^{N} \left\| \tilde{w}_n \left[f(\hat{\boldsymbol{x}}_n, \hat{\boldsymbol{\delta}}) - \hat{\boldsymbol{y}}_n \right] \right\|_q^q \tag{5.24}$$

式中：$\tilde{w}_n$ 为观测值 $(\hat{\boldsymbol{x}}_n, \hat{\boldsymbol{y}}_n)$ 的权重系数。理想情况下，内点将被赋予较大权值（接近 1），而外点则被赋予较小权值（接近 0）。所提方法采用带尺度因子的 Geman-McClure 函数作为权函数，因为该函数本身就是一个鲁棒性估计子，Geman-McClure 函数常被用于选权迭代法中：

$$\tilde{w}_n = \frac{u}{u + \| f(\hat{x}_n, \hat{\delta}) - \hat{y}_n \|^2} \tag{5.25}$$

式中：u 为尺度因子。

方程（5.24）也是一个非凸非光滑函数。与 l_q 估计子粗差剔除方法类似，采用增广拉格朗日函数和 ADMM 进行求解。同样，首先引入辅助变量 $\tilde{M} = \{\tilde{m}_n\}_1^N$ 对方程进行改写

$$\arg\min_{\hat{\delta}} \sum_{n=1}^N \| \tilde{m}_n \|_q^q \quad \text{s.t.} \quad \varepsilon_n = \tilde{w}_n \left[f(\hat{x}_n, \hat{\delta}) - \hat{y}_n \right] - \tilde{m}_n = \mathbf{0} \tag{5.26}$$

然后，写成增广拉格朗日函数形式：

$$
\begin{aligned}
L_{\tilde{\rho}}((\hat{\delta}, W), \tilde{M}) &= \sum_{n=1}^N \left(\| \tilde{m}_n \|_q^q + \lambda_n^{\mathrm{T}} \varepsilon_n + \frac{\tilde{\rho}}{2} \| \varepsilon_n \|_2^2 \right) \\
&= \sum_{n=1}^N \left(\| \tilde{m}_n \|_q^q + \frac{\tilde{\rho}}{2} \| \frac{\lambda_i}{\rho} + \varepsilon_n \|_2^2 - \frac{1}{2\tilde{\rho}} \| \lambda_n \|_2^2 \right)
\end{aligned} \tag{5.27}
$$

该函数包含有两类变量，第一类为参数向量 $\hat{\delta}$ 和权值向量 $W = \{\tilde{w}_n\}_1^N$，第二类为辅助变量 $\tilde{M}$。利用 ADMM 对方程进行分解，得到两大主体部分，第三个子问题（偶变量更新步骤）与 l_q 估计算子粗差剔除方法完全一致：

子问题1：
$$
\begin{aligned}
\arg\min_{\tilde{M}} L_{\tilde{\rho}} &= \arg\min_{\tilde{M}} \sum_{n=1}^N \left\{ \| \tilde{m}_n \|_q^q + \frac{\rho}{2} \| \frac{\lambda_n}{\rho} \right. \\
&\qquad \left. + \tilde{w}_n^{k-1} \left[f(\hat{x}_n, \hat{\delta}^{k-1}) - \hat{y}_n \right] - \tilde{m}_n \|_2^2 \right\} \\
&= \arg\min_{\tilde{M}} \sum_{n=1}^N \left(\| \tilde{m}_n \|_q^q + \frac{\rho}{2} \| \hat{\beta}_n - \tilde{m}_n \|_2^2 \right)
\end{aligned} \tag{5.28}
$$

子问题2：$\arg\min\limits_{\hat{\delta}, W} L_{\tilde{\rho}}$

$$
\begin{aligned}
&= \arg\min_{\hat{\delta}, W} \sum_{n=1}^N \left\{ \| \tilde{m}_n^{k-1} \|_q^q + \frac{\tilde{\rho}}{2} \| \frac{\lambda_n}{\tilde{\rho}} + \tilde{w}_n \left[f(\hat{x}_n, \hat{\delta}) - \hat{y}_n \right] - \tilde{m}_n^{k-1} \|_2^2 \right\} \\
&= \arg\min_{\hat{\delta}, W} \sum_{n=1}^N \frac{\rho}{2} \| (\tilde{w}_n f(\hat{x}_n, \hat{\delta}) + \frac{\lambda_n}{\tilde{\rho}} - \tilde{w}_n \hat{y}_n - \tilde{m}_n^{k-1}) \|^2 \\
&\rightarrow \arg\min_{\hat{\delta}, W} \sum_{n=1}^N \frac{\rho}{2} \| \tilde{w}_n (\tilde{w}_n f(\hat{x}_n, \hat{\delta}) + \frac{\lambda_n}{\tilde{\rho}} - \tilde{w}_n \hat{y}_n - \tilde{m}_n^{k-1}) \|^2 \\
&\approx \arg\min_{\hat{\delta}, W} \sum_{n=1}^N \frac{\rho}{2} \| \tilde{w}_n (\tilde{w}_n^{k-1} f(\hat{x}_n, \hat{\delta}) - \hat{\gamma}_n)) \|^2
\end{aligned} \tag{5.29}
$$

值得注意的是，方程（5.29）最后一步公式推导中存在近似过程，即采用上一次迭代得到的权值来近似括号内的权值参数。由于所提方法是一个迭代逼近的过程，该近似过程几乎不会对方程的解产生影响。式中 $\tilde{w}_n^{k-1}$ 为已知量，$\tilde{w}_n$ 为未知量。

$\left\{\hat{\boldsymbol{\beta}}_n\right\}_1^N$ 和 $\left\{\hat{\boldsymbol{\gamma}}_n\right\}_1^N$ 仅仅为了表达的简洁性：

$$\left.\begin{array}{l} \hat{\boldsymbol{\beta}}_n = \dfrac{\lambda_n}{\tilde{\rho}} + \tilde{w}_n^{k-1}\left[f(\hat{\boldsymbol{x}}_n, \hat{\boldsymbol{\delta}}^{k-1}) - \hat{\boldsymbol{y}}_n \right] \\[3mm] \hat{\boldsymbol{\gamma}}_n = \tilde{w}_n^{k-1}\hat{\boldsymbol{y}}_n + \tilde{m}_n^{k-1} - \dfrac{\lambda_n}{\tilde{\rho}} \end{array}\right\} \qquad (5.30)$$

子问题 1 中，$(\hat{\boldsymbol{\delta}}, \boldsymbol{W})$ 为定值，$\tilde{\boldsymbol{M}}$ 为变量，采用 l_qLS 方法求解；相反，对于子问题 2，$\tilde{\boldsymbol{M}}$ 为定值，$(\hat{\boldsymbol{\delta}}, \boldsymbol{W})$ 为待估计量。子问题 2 是带权值的最小二乘优化问题，可以采用迭代加权最小二乘法（IRLS）进行求解。传统经典 IRLS 方法在不同迭代步骤中，其权值函数保持不变；与之不同，所提方法函数中，权值函数中的尺度因子会随迭代次数发生改变，亦即每次迭代的权值函数都不一样。该策略的目的是提高算法对局部极小值的鲁棒性。

图 5.6 展示了不同 u 值对应的目标代价函数曲线，可以看到，当 u 取值较大时，代价曲线相对较为平滑，从而允许更多的观测值参与有效优化过程；相反，随着 u 取值下降，代价函数曲线变得越来越陡峭锐利，从而使得模型估计结果更加精确。因此，在所提方法的子问题 2 优化阶段，u 的初始值非常大，通常设为观测值集合 $\left\{\hat{\boldsymbol{x}}_n\right\}_1^N$ 中最大两两距离 $d_{\max}$ 的平方（$u = d_{\max}^2$）。在迭代过程中，不断减小 u 的取值，直至方程收敛或者 $u = \varepsilon^2$，式中 ε 为判断是否为内点的阈值。得益于这种由粗到精的优化策略，所提方法能够大大减小收敛于局部极小值的可能性。算法 2 总结归纳了子问题 1 和子问题 2 的优化求解过程。

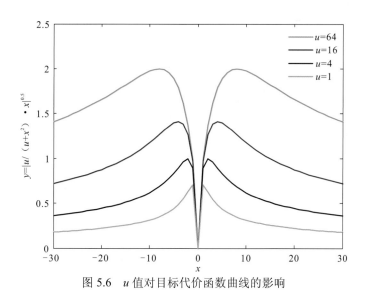

图 5.6　u 值对目标代价函数曲线的影响

算法 2:	Geman-McClure 加权 l_q 估计子

输入: 观测值集合 $\{\hat{x}_n\}_1^N$ 和 $\{\hat{y}_n\}_1^N$

输出: 变换模型 f 的参数向量 $\hat{\boldsymbol{\delta}}$

1	初始化 q，$\tilde{\rho}$，$\{\lambda_n\}_1^N = \mathbf{0}$，$\{\tilde{w}_n\}_1^N = \mathbf{0}$，$\hat{\boldsymbol{\delta}} = \hat{\boldsymbol{\delta}}^0$，$u = d_{\max}^2$；
2	重复
3	子问题 1 优化:
4	依据方程（5.30）计算 $\{\hat{\boldsymbol{\beta}}_n\}_1^N$；
5	采用 l_qLS 方法求解 $\tilde{m}_n$；
6	子问题 2 优化:
7	依据方程（5.30）计算 $\{\hat{\boldsymbol{\gamma}}_n\}_1^N$；
8	重复
9	通过加权最小二乘优化 $\hat{\boldsymbol{\delta}}$；
10	更新 $u = u / s_{\text{step}}$，$s_{\text{step}} > 1$ 为更新步距；
11	根据方程（5.25）更新 $\{\tilde{w}_n\}_1^N$；
12	直到收敛
13	更新对偶变量 $\{\lambda_n\}_1^N$，$\lambda_n = \lambda_n + \tilde{\rho}\varepsilon_n$
14	直到收敛

5.3.2 加权 l_q 估计子具体应用公式推导

1. 鲁棒性特征匹配（RFM）

遥感影像，尤其是卫星和航空影像，其传感器飞行高度远远大于所摄场景的高程变化范围，通常采用仿射变换作为全局变换来描述影像对之间的几何关系。因而，将仿射变换作为 f 代入方程（5.22）中，得到 RFM 的 Geman-McClure 加权 l_q 估计子的代价函数如下：

$$\underset{A,t}{\arg\min} \sum_{n=1}^N \| \frac{u(A\hat{x}_n + t - \hat{y}_n)}{u + \| A\hat{x}_n + t - \hat{y}_n \|_2^2} \|_q^q \tag{5.31}$$

然后，具体化方程（5.28）～（5.30），得

RFM 子问题1:

$$\underset{\tilde{M}}{\arg\min} L_{\tilde{\rho}} = \underset{\tilde{M}}{\arg\min} \sum_{n=1}^N \left(\| \tilde{\boldsymbol{m}}_n \|_q^q + \frac{\tilde{\rho}}{2} \| \frac{\lambda_n}{\tilde{\rho}} + \tilde{w}_n^{k-1}(A^{k-1}\hat{x}_n + t^{k-1} - \hat{y}_n) - \tilde{\boldsymbol{m}}_n \|_2^2 \right) \tag{5.32}$$

$$= \underset{\tilde{M}}{\arg\min} \sum_{n=1}^N \left(\| \tilde{\boldsymbol{m}}_n \|_q^q + \frac{\tilde{\rho}}{2} \| \hat{\boldsymbol{\beta}}_n - \tilde{\boldsymbol{m}}_n \|_2^2 \right)$$

RFM 子问题2: $\underset{A,t,W}{\arg\min} L_{\tilde{\rho}} = \underset{A,t,W}{\arg\min} \sum_{n=1}^N \frac{\tilde{\rho}}{2} \| \frac{u\left[\tilde{w}_n^{k-1}(A\hat{x}_n + t) - \hat{\boldsymbol{\gamma}}_n \right]}{u + \| \tilde{w}_n^{k-1}(A\hat{x}_n + t) - \hat{\boldsymbol{\gamma}}_n \|_2^2} \|_2^2$ （5.33）

其中

$$\left.\begin{array}{c} \hat{\beta}_n = \dfrac{\lambda_n}{\tilde{\rho}} + \tilde{w}_n^{k-1}(A^{k-1}\hat{x}_n + t^{k-1} - \hat{y}_n) \\[4mm] \hat{\gamma}_n = \tilde{w}_n^{k-1}\hat{y}_n + \tilde{m}_n^{k-1} - \dfrac{\lambda_n}{\tilde{\rho}} \end{array}\right\} \qquad (5.34)$$

2. 鲁棒性相机外定向（RCEO）

给定 N 对包含粗差的 3D-2D 同名点对 $\left\{(\hat{Q}_n, \hat{p}_n)\right\}_1^N$，其中，$\left\{\hat{Q}_n\right\}_1^N$ 为非共线物方点空间三维坐标，$\left\{\hat{p}_n\right\}_1^N$ 为物方点所对应的影像像点二维坐标 $\hat{p}_n = [u_n, v_n]^T$，RCEO 的目标是从被污染的同名点对 $\left\{(\hat{Q}_n, \hat{p}_n)\right\}_1^N$ 中恢复出影像摄影时刻的位置与姿态参数。假设已经完成相机标定步骤，并获取得到相机内参数矩阵 K，那么，将三维物方点映射到二维影像上像点的过程可以通过 CEO 模型进行描述：

$$\hat{d}_n \begin{bmatrix} \hat{p}_n \\ 1 \end{bmatrix} = K[R,T] \begin{bmatrix} \hat{Q}_n \\ 1 \end{bmatrix} \qquad (5.35)$$

式中：R 和 T 分别为旋转矩阵和平移向量；$\hat{d}_n$ 为像点 $\hat{p}_n$ 的深度。上式消除 $\hat{d}_n$ 后，得到 CEO 的模型 f 为

$$\hat{p}_n = f(\hat{Q}_n, \hat{\delta}) = \frac{\hat{P}_{1:2}\begin{bmatrix} \hat{Q}_n & 1 \end{bmatrix}^T}{\hat{P}_3 \begin{bmatrix} \hat{Q}_n & 1 \end{bmatrix}^T} \qquad (5.36)$$

其中：$\hat{P} = K[R,T]$ 是 3×4 相机投影矩阵；$\hat{P}_j (j=1,2,3)$ 表示矩阵 $\hat{P}$ 的第 j 行；$\hat{\delta} = (R,T)$。

将上式代入方程（5.24）中，得到 RCEO 的 Geman-McClure 加权 l_q 估计子的代价函数如下：

$$\underset{R,T}{\arg\min} \sum_{n=1}^{N} \| \frac{u(\hat{P}_{1:2}\begin{bmatrix} \hat{Q}_n & 1 \end{bmatrix}^T / \hat{P}_3 \begin{bmatrix} \hat{Q}_n & 1 \end{bmatrix}^T - \hat{p}_n)}{u + \| \hat{P}_{1:2}\begin{bmatrix} \hat{Q}_n & 1 \end{bmatrix}^T / \hat{P}_3 \begin{bmatrix} \hat{Q}_n & 1 \end{bmatrix}^T - \hat{p}_n \|_2^2} \|_q^q \qquad (5.37)$$

然后，具体化方程（5.28）～（5.30），得

RCEO 子问题 1：$\underset{\tilde{M}}{\arg\min} L_{\tilde{\rho}}$

$$= \underset{\tilde{M}}{\arg\min} \sum_{n=1}^{N} \left(\| \tilde{m}_n \|_q^q + \frac{\tilde{\rho}}{2} \| \frac{\lambda_i}{\tilde{\rho}} + \tilde{w}_n^{k-1}(\frac{\hat{P}_{1:2}^{k-1}\begin{bmatrix} \hat{Q}_n & 1 \end{bmatrix}^T}{\hat{P}_3^{k-1}\begin{bmatrix} \hat{Q}_n & 1 \end{bmatrix}^T} - \hat{p}_n) - \tilde{m}_n \|_2^2 \right)$$

$$= \underset{\tilde{M}}{\arg\min} \sum_{n=1}^{N} \left(\| \tilde{m}_n \|_q^q + \frac{\tilde{\rho}}{2} \| \hat{\beta}_n - \tilde{m}_n \|_2^2 \right)$$

$$(5.38)$$

RCEO 子问题 2： $\underset{R,T,W}{\arg\min} L_{\tilde{\rho}} = \underset{R,T,W}{\arg\min} \sum_{n=1}^{N} \dfrac{\tilde{\rho}}{2} \left\| \dfrac{u\left[\tilde{w}_n^{k-1}(\dfrac{\hat{P}_{1:2}\left[\hat{Q}_n\ 1\right]^{\mathrm{T}}}{\hat{P}_3\left[\hat{Q}_n\ 1\right]^{\mathrm{T}}})-\hat{\gamma}_n\right]}{u+\|\tilde{w}_n^{k-1}(\dfrac{\hat{P}_{1:2}\left[\hat{Q}_n\ 1\right]^{\mathrm{T}}}{\hat{P}_3\left[\hat{Q}_n\ 1\right]^{\mathrm{T}}})-\hat{\gamma}_n\|_2^2} \right\|_2^2$

$$(5.39)$$

其中

$$\left.\begin{aligned}\hat{\beta}_n &= \frac{\lambda_n}{\tilde{\rho}} + \tilde{w}_n^{k-1}(\frac{\hat{P}_{1:2}^{k-1}\left[\hat{Q}_n\ 1\right]^{\mathrm{T}}}{\hat{P}_3^{k-1}\left[\hat{Q}_n\ 1\right]^{\mathrm{T}}} - \hat{p}_n)\\ \hat{\gamma}_n &= \tilde{w}_n^{k-1}\hat{p}_n + \tilde{m}_n^{k-1} - \frac{\lambda_n}{\tilde{\rho}}\end{aligned}\right\} \quad (5.40)$$

3. 鲁棒性绝对定向（RAO）

从给定的 N 对 3D-3D 同名对 $\left\{(\hat{X}_n,\hat{Y}_n)\right\}_1^N$ 中恢复两个不同笛卡儿坐标系之间几何关系的过程在摄影测量学中被称之为绝对定向问题。绝对定向通常用于将自由网平差结果转换到大地坐标系中及点云配准应用中。在数学上，该问题是一个 7 参数刚体变换

$$\hat{Y}_n = f(\hat{X}_n,\hat{\delta}) = \hat{s}R\hat{X}_n + T \quad (5.41)$$

式中：R 和 T 分别为旋转矩阵和平移向量；$\hat{s}$ 为尺度因子；$\hat{\delta}=(\hat{s},R,T)$。由于 $\left\{(\hat{X}_n,\hat{Y}_n)\right\}_1^N$ 中可能包含有粗差，应采用鲁棒性估计方法。

将上式代入方程（5.24）中，得到 RAO 的 Geman-McClure 加权 l_q 估计子的代价函数如下：

$$\underset{\hat{s},R,T}{\arg\min} \sum_{n=1}^{N} \left\| \frac{u(\hat{s}R\hat{X}_n + T - \hat{Y}_n)}{u+\|\hat{s}R\hat{X}_n + T - \hat{Y}_n\|_2^2} \right\|_q^q \quad (5.42)$$

然后，具体化方程（5.28）～（5.30），得

RAO 子问题 1： $\underset{\tilde{M}}{\arg\min} L_{\tilde{\rho}}$

$$\begin{aligned}&= \underset{\tilde{M}}{\arg\min} \sum_{n=1}^{N} (\|\tilde{m}_n\|_q^q + \frac{\tilde{\rho}}{2}\|\frac{\lambda_n}{\tilde{\rho}} \\ &\quad + \tilde{w}_n^{k-1}(\hat{s}^{k-1}R^{k-1}\hat{X}_n + T^{k-1} - \hat{Y}_n)-\tilde{m}_n\|_2^2) \\ &= \underset{\tilde{M}}{\arg\min} \sum_{n=1}^{N} (\|\tilde{m}_n\|_q^q + \frac{\tilde{\rho}}{2}\|\hat{\beta}_n-\tilde{m}_n\|_2^2)\end{aligned} \quad (5.43)$$

RAO 子问题 2：$\underset{\hat{s},\bm{R},\bm{T},\bm{W}}{\arg\min}\, L_{\tilde{\rho}} = \underset{\hat{s},\bm{R},\bm{T},\bm{W}}{\arg\min}\sum_{n=1}^{N}\frac{\tilde{\rho}}{2}\|\frac{u\left[\tilde{w}_n^{k-1}(s\bm{R}\hat{\bm{X}}_n+\bm{T})-\hat{\bm{\gamma}}_n\right]}{u+\|\tilde{w}_n^{k-1}(s\bm{R}\hat{\bm{X}}_n+\bm{T})-\hat{\bm{\gamma}}_n\|_2^2}\|_2^2$ （5.44）

其中

$$\left.\begin{array}{l}\hat{\bm{\beta}}_n = \dfrac{\bm{\lambda}_n}{\tilde{\rho}} + \tilde{w}_n^{k-1}(\hat{s}^{k-1}\bm{R}^{k-1}\hat{\bm{X}}_n + \bm{T}^{k-1} - \hat{\bm{Y}}_n)\\[3mm]\hat{\bm{\gamma}}_n = \tilde{w}_n^{k-1}\hat{\bm{Y}}_n + \tilde{\bm{m}}_n^{k-1} - \dfrac{\bm{\lambda}_n}{\tilde{\rho}}\end{array}\right\}$$ （5.45）

5.3.3 实验结果

与 5.2.3 小节类似，本小节首先进行参数敏感性分析，然后分别采用模拟实验和真实实验来对所提加权 l_q 算法进行定性与定量评估，不仅对所提 RFM 算法进行评估，还包含所提 RCEO 算法。

1. 参数学习

通过模拟影像特征匹配过程来进行参数敏感性，具体模拟细节和参数实验细节与 5.2.3 小节 1.参数学习完全一致。实验结果总结于表 5.5～表 5.7 中。同样，若某次实验解算失败，则将其 RMSE 值赋为 2 倍的噪声标准差。

表 5.5 参数 q 实验结果

指标	q，$\tilde{\rho}=3\times10^{-4}$，$\tilde{\alpha}=1.65$								
	0.1	0.2	0.3	0.4	0.5	0.6	0.7	0.8	0.9
Precision/%	100.0	100.0	100.0	100.0	100.0	100.0	100.0	100.0	100.0
Recall/%	100.0	100.0	100.0	99.8	100.0	99.8	99.9	99.9	100.0
F-score/%	100.0	100.0	100.0	99.9	100.0	99.9	100.0	100.0	100.0
RMSE/像素	1.86	1.89	1.87	1.89	1.86	1.91	1.90	1.85	1.88
成功率/%	100.0	100.0	100.0	100.0	100.0	100.0	100.0	100.0	100.0

表 5.6 参数 $\tilde{\alpha}$ 实验结果

指标	$\tilde{\alpha}$，$q=0.2$，$\tilde{\rho}=3\times10^{-4}$								
	0.85	1.05	1.25	1.45	1.65	1.85	2.05	2.25	2.45
Precision/%	100.0	100.0	100.0	100.0	100.0	100.0	100.0	100.0	100.0
Recall/%	88.7	72.4	99.8	100.0	100.0	100.0	100.0	100.0	100.0

续表

指标	$\tilde{\alpha}$，$q = 0.2$，$\tilde{\rho} = 3 \times 10^{-4}$								
	0.85	1.05	1.25	1.45	1.65	1.85	2.05	2.25	2.45
F-score/%	92.6	79.2	99.9	100.0	100.0	100.0	100.0	100.0	100.0
RMSE/像素	2.49	2.85	1.90	1.87	1.87	1.88	1.87	1.88	1.89
成功率/%	88.9	49.6	100.0	100.0	100.0	100.0	100.0	100.0	100.0

表 5.7   参数 $\tilde{\rho}$ 实验结果

指标	$\hat{\varphi}$，$\tilde{\rho} = 6 \times 10^{-6} \times 5^{\hat{\varphi}}$，$q = 0.2$，$\tilde{\alpha} = 1.45$								
	1	2	3	4	5	6	7	8	9
Precision/%	100.0	100.0	100.0	100.0	100.0	100.0	100.0	100.0	100.0
Recall/%	100.0	100.0	100.0	100.0	100.0	100.0	100.0	94.7	98.1
F-score/%	100.0	100.0	100.0	100.0	100.0	100.0	100.0	96.4	99.0
RMSE/像素	1.87	1.89	1.88	1.87	1.87	1.88	1.90	2.20	2.07
成功率/%	100.0	100.0	100.0	100.0	100.0	100.0	100.0	93.2	99.1

由表 5.5～表 5.7 可知，Geman-McClure 加权 l_q 估计子对参数不敏感。q 值变化对所提方法几乎没有影响。仅在 $\tilde{\alpha}$ 值过小和 $\tilde{\rho}$ 初始值过大时，会对所提算法产生小幅影响，可见，所提 Geman-McClure 加权 l_q 估计子比原始的 l_q 估计子具有更好的实用性。在后续实验中，这些参数设置为 $q = 0.2$、$\tilde{\alpha} = 1.45$、$\tilde{\rho} = 3 \times 10^{-6}$，并保持不变。

1. RFM 实验对比

1）模拟实验对比

实验配置跟 5.2.3 小节 2.模拟实验对比一致，唯一区别在于对比方法中加入了上面提出的 l_q 估计子。实验对比结果如图 5.7 所示。

可以看出，Geman-McClure 加权 l_q 估计子比原始 l_q 估计子更加鲁棒。粗差比例在 80%以内时，其 Precision 精度与 l_q 估计子一致；一旦粗差比例超过 80%，则明显优于 l_q 估计子，其能有效处理高达 90%的粗差比例。所提加权 l_q 估计子的 Recall精度也比 l_q 估计子稍高，基本均为 100%。因而，加权 l_q 估计子的总体精度 F-score最优，尤其在粗差比例高于 80%时，远远优于其他方法。此外，由图 5.7（d）可知，加权 l_q 估计子的 RMSE 最小，甚至小于噪声水平（2 像素）。因而，其模型估计精度最高。图 5.7（e）为算法成功率图，直至粗差比例 90%时，加权 l_q 估计子的成

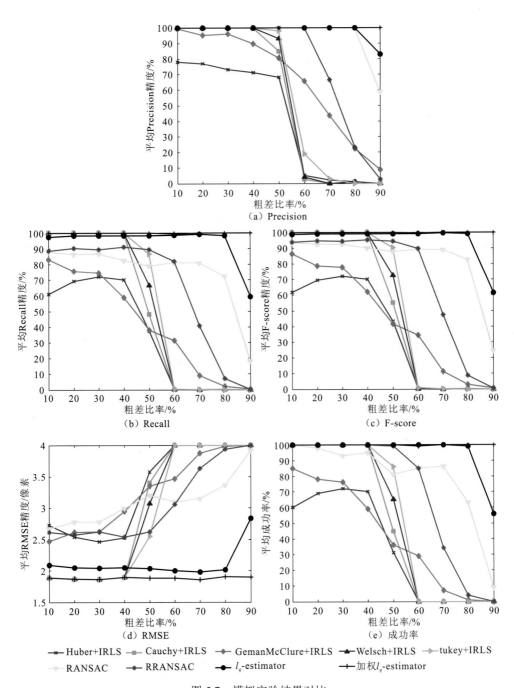

图 5.7 模拟实验结果对比

功率依然稳定于100%。

2）真实实验对比

实验配置及测试数据集均与 5.2.3 小节 3.真实实验对比一致。图 5.8 给出了所提加权 l_q 估计子在编号 1 和编号 10 影像对上的匹配结果。该结果与 l_q 估计子结果基本一致，均没有错误匹配点，即 Precision 精度为 100%，并且正确匹配点对个数比图 5.3 中的 RANSAC 和 FSC 方法更多。图 5.9 为所提算法的定量结果。子图 5.9（a）为加权 l_q 估计子的 Precision 和 Recall 精度，其中每个点代表一个（Precision，Recall）对。从该图可知，所提算法的 Precision 和 Recall 精度均接近于 100%。其平均（Precision，Recall）值为（99.14%，99.86%）。相比于原始 l_q 估计子，尽管所提算法在 Recall 上降低了 0.14 个百分点，但是所提算法的 Precision 精度提升了 0.73 个百分点。子图 5.9（b）为所提算法的运行时间曲线。可见，加权 l_q 估计子与 l_q 估计子在运行时间上几乎没有任何差别，效率极高，远远优于 RANSAC 类方法。

（a）编号1影像结果

（b）编号10影像结果

图 5.8　加权 l_q 估计子真实实验结果

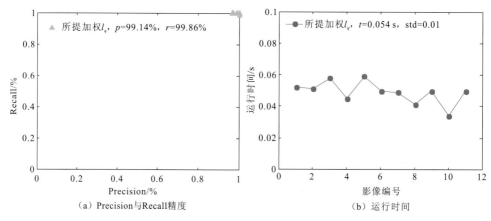

（a）Precision与Recall精度　　　　　　　（b）运行时间

图 5.9　加权 l_q 估计子定量评价结果

2. RCEO 实验对比

1）模拟实验对比

通过模拟影像成像过程来评估算法对粗差及噪声的鲁棒性。假设相机镜头成像模型为针孔模型（透视投影），镜头焦距为 1 500 像素，并且像主点不存在偏移，影像大小为 2 000×2 000 像素。然后，在像方空间的 $[-8, 8] \times [-8, 8] \times [8, 16]$ 方形盒子内随机生成 N 个三维点 $\{\hat{\boldsymbol{Q}}_n^c\}_1^N$。为了生成相机外参数真值，随机生成 3×1 旋转角度向量并构建 3×3 罗格里德斯（Rodrigues）旋转矩阵 $\boldsymbol{R}$，将 $\{\hat{\boldsymbol{Q}}_n^c\}_1^N$ 的平均值作为平移向量 $\boldsymbol{T}$。根据相机外参数真值（$\boldsymbol{R}$，$\boldsymbol{T}$）可以得到 $\{\hat{\boldsymbol{Q}}_n^c\}_1^N$ 所对应的三维物方点 $\{\hat{\boldsymbol{Q}}_n\}_1^N$：

$$\hat{\boldsymbol{Q}}_n = \boldsymbol{R}^{-1}(\hat{\boldsymbol{Q}}_n^c - \boldsymbol{T}) \tag{5.46}$$

$\{\hat{\boldsymbol{Q}}_n\}_1^N$ 所对应的像点真值 $\{\hat{\boldsymbol{p}}_n^{\text{true}}\}_1^N$ 由下式获得

$$\hat{d}_n \begin{bmatrix} \hat{\boldsymbol{p}}_n^{\text{true}} \\ 1 \end{bmatrix} = \boldsymbol{K}\hat{\boldsymbol{Q}}_n^c \tag{5.47}$$

同样，为了使模拟过程更加接近实际，向像点真值坐标 $\{\hat{\boldsymbol{p}}_n^{\text{true}}\}_1^N$ 中加入均值为 0 像素标准差为 σ 像素的高斯分布随机噪声，得到 $\{\dot{\boldsymbol{p}}_n\}_1^N$。并根据粗差比例 n_{out} 从 $\{\dot{\boldsymbol{p}}_n\}_1^N$ 中随机选取 $n_{\text{out}}N$ 个点加上随机误差，得到最终像点坐标集合 $\{\hat{\boldsymbol{p}}_n\}_1^N$。集合 $\{(\hat{\boldsymbol{Q}}_n, \hat{\boldsymbol{p}}_n)\}_1^N$ 即为包含粗差的 3D-2D 同名点对。由于所提 RCEO 方法采用单位四元数法来对步骤二进行优化求解，基于单位四元数的相机外定向模型（空间后方交会共线条件方程模型）为非线性方程，需进行方程线性化，因而需要参数初始值。本实验中，在区间 $[-10°, 10°]$ 内随机生成 3×1 旋转角度向量加入到 $\boldsymbol{R}$ 中作为旋转初始值；并在区间 $[0.7 \times \boldsymbol{T}, 1.3 \times \boldsymbol{T}]$ 内随机生成平移向量初始值。与 5.2.3 小节 2.模拟实验对比一致，采用 RMSE、Precision、Recall、F-score 及成功率作为评价指标。并在相同配置条件下对每个实验重复 1000 次（称为 1 组）。对于每次实验，仅当其 RMSE 小于 1.5 倍的噪声水平时，才认为算法解算成功；若解算失败，其 RMSE 值赋为 2 倍噪声水平。同样，与选权迭代法及 RANSAC 类方法进行对比，其中，选权迭代法中相机外定向方法为单位四元数法，RANSAC 类方法采用三点法求解相机外参闭合解。

首先，进行粗差抗性实验。具体而言，固定内点个数为 50，高斯噪声标准差 $\sigma = 2$，将粗差比例 n_{out} 从 10%递增至 90%，根据粗差比例得到 $N = 50/(1 - n_{\text{out}})$ 个 3D-2D 同名点对。然后，在区间 $[-500, 500]$ 内随机选取 $N - 50$ 个点加入随机误差并进行实验。实验对比结果如图 5.10 所示。

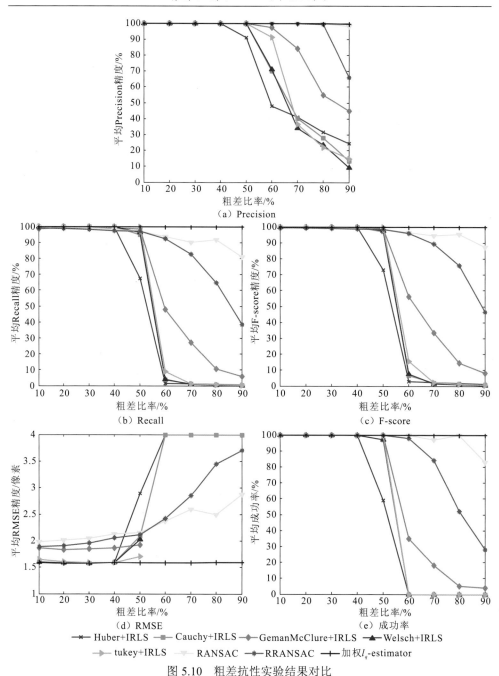

图 5.10 粗差抗性实验结果对比

其次，进行噪声抗性实验。具体而言，固定内点个数为 50，粗差比例为 $n_{out} = 50\%$，将高斯噪声标准差 σ 从 2 像素递增至 18 像素，根据粗差比例得到

$N = 50 / (1 - n_{\text{out}}) = 100$ 个 3D-2D 同名点对。然后，在区间[-500，500]内随机选取 50 个点加入随机误差并进行实验。实验对比结果如图 5.11 所示。

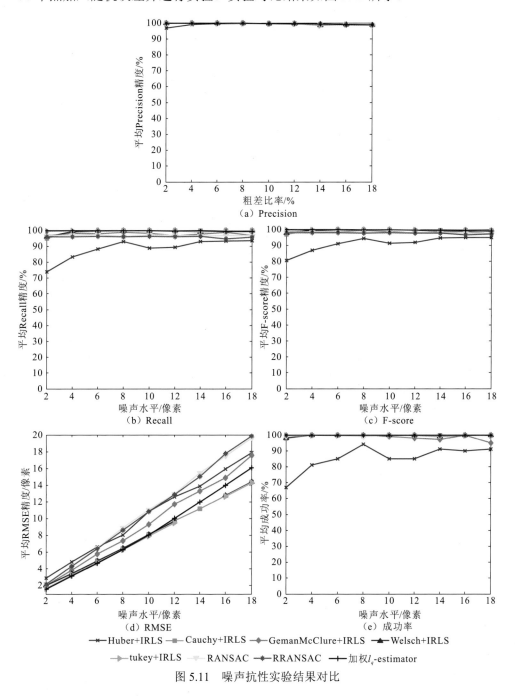

图 5.11　噪声抗性实验结果对比

由图 5.10（a）～（c）可知，选权迭代法存在断点，当粗差比例达到 50%后，选权迭代法失效。RANSAC 类方法比选权迭代法对粗差比例的抗性更好，直至粗差比例 80%时，其 Precision 精度依然接近 100%；然而，其 Recall 精度会随粗差比例增加而下降。反观所提 Geman-McClure 加权 l_q 估计子，即使在粗差比例为 90%时，其 Precision、Recall 和 F-score 精度均逼近 100%。图 5.10（d）反映了各个方法的 RMSE 精度。可以看到，加权 l_q 估计子 RMSE 最小，几乎不受粗差比例影响，甚至小于高斯噪声水平（2 像素）。在粗差比例小于 50%时，选权迭代法如 Huber 权函数法、Cauchy 权函数法和 Welsch 权函数法的 RMSE 值与所提算法相当。然而，由于选权迭代法本质上只能处理 50%的粗差点，当粗差比例超过 50%时，此类方法将解算失败，因而，图 5.10 中曲线呈现断崖式突变。RANSAC 类方法的 RMSE 精度最低。RANSAC 算法采用三点法求解相机外参数闭合解，并非全部数据参与模型解算，对噪声非常敏感，其估计所得模型并非最优模型。图 5.10（e）描绘了每个算法的成功率曲线，当粗差比例高于 50%后，选权迭代法和 RANSAC 类方法的成功率均会下降。反观所提算法，直至粗差比例 90%时，其成功率依然为 100%。

由图 5.11（a）～（c）可知，除了 Huber 权函数法，其他所有方法的 Precision 精度均接近 100%。Huber 权函数法、Cauchy 权函数法、Welsch 权函数法和加权 l_q 估计子的 Recall 和 F-score 精度最高，明显高于 Huber 权函数法、Geman-McClure 权函数法及 RANSAC 类方法。从图 5.11（d）可知，Huber 权函数法、Cauchy 权函数法、Welsch 权函数法的精度最高，对噪声抗性最好，其 RMSE 值均小于噪声水平。当噪声小于等于 10 像素时，所提算法的 RMSE 精度与上述方法相当；当噪声大于 10 像素，所提算法的 RMSE 精度稍低于上述方法。Huber 权函数法、Geman-McClure 权函数法及 RANSAC 类方法的 RMSE 精度较低，远小于所提算法，因而对噪声比较敏感。

综合粗差比例抗性实验和噪声抗性实验可得，加权 l_q 估计子具有最优的粗差比例抗性和次优的噪声抗性，在粗差剔除任务中，明显优于经典的选权迭代法和 RANSAC 类方法。

2）真实实验对比

实验选取两张大尺度航空影像作为测试数据，由 SWDC 相机在河南平顶山采集得到。SWDC 相机系统由 5 个数码相机组成，包括 1 个中心相机和 4 个倾斜相机。如图 5.12 所示，第一幅影像由中心相机采集得到，其焦距为 12 102.1 像素，影像大小为 5 406×7 160 像素；另一幅影像由倾斜相机采集得到，其焦距为 14 671.5 像素，影像大小为 7 160×5 406 像素。在影像覆盖物方场景内，采用 GPS-RTK 分别均匀布设 12 和 15 个物方控制点，并利用人工刺点方式获取其在影像中的投影像点,刺点精度优于 0.25 像素。

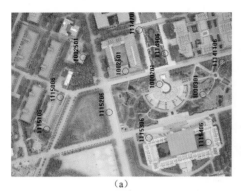

(a)（b)

图5.12　真实实验影像数据

图中红色小圆圈表示由GPS-RTK采集的物方控制点在影像中的投影像点

为了显示的美观性,图(a)为逆时针旋转90°后的影像

由于不存在粗差点,该实验选取当前最先进的外定向方法进行对比,包括 Lu 等（2000）的迭代方法（简称 LHM（Lu et al.,2000））、EPnP＋GN（Lepetit et al.,2009）、RPnP（Li et al.,2012）、DLS（Hesch et al.,2011）、OPnP（Zheng et al.,2013）、ASPnP（Zheng et al.,2013）、SDP（Schweighofer et al.,2008）、PPnP（Garro et al.,2012）、不带粗差剔除模块的 EPPnP（Ferraz et al.,2014）及带粗差剔除的 REPPnP（Ferraz et al.,2014）共 10 种算法。这些算法的 Matlab 实现从 Ferraz 提供的 PnP 工具箱得到,参数均为默认设置。所提算法为迭代优化算法,所需要的外定向参数（包括三个欧拉角 $[\varphi,\omega,\kappa]$ 和三个摄站点坐标 $[X_s,Y_s,Z_s]$）初值由表 5.8 给出。表 5.9 和表 5.10 分别总结了各个方法在中心影像和倾斜影像上的实验结果。

表 5.8　所提方法参数初值

影像	φ / (°)	ω / (°)	κ / (°)	X_s / m	Y_s / m	Z_s / m
1	0	0	0	0	0	100
2	0	0	−30	0	0	100

表 5.9　第一幅影像实验结果

方法	φ / (°)	ω / (°)	κ / (°)	X_s / m	Y_s / m	Z_s / m	RMSE /像素	正确/错误
LHM	−11.98	5.95	−20.39	−154.34	−39.41	−631.59	44.20	错误
EPnP+GN	−3.436	0.98	−19.80	19.289	37.57	650.26	1.99	正确

续表

方法	φ/(°)	ω/(°)	κ/(°)	X_s/m	Y_s/m	Z_s/m	RMSE/像素	正确/错误
RPnP	−16.67	3.50	−19.82	−205.98	−10.50	−617.84	46.09	错误
DLS	−13.53	5.67	−20.37	−171.50	−35.70	−627.12	43.65	错误
OPnP	−13.93	5.63	−20.35	−176.03	−35.12	−626.10	43.62	错误
PPnP	−13.88	5.53	−20.32	−175.34	−34.05	−626.05	43.64	错误
EPPnP	−11.29	6.03	−19.33	−148.15	−40.92	−640.06	62.72	错误
REPPnP	−11.29	6.03	−19.33	−148.15	−40.92	−640.06	62.72	错误
所提方法	−3.223	0.58	−19.79	16.86	32.82	650.59	0.61	正确
PATB	−3.21	0.54	−19.80	16.74	32.82	650.60	1.05	正确

注：PATB 为光束法平差商业软件

表 5.10　第二幅影像实验结果

方法	φ/(°)	ω/(°)	κ/(°)	X_s/m	Y_s/m	Z_s/m	RMSE/像素	正确/错误
LHM	−19.03	41.64	63.13	−154.34	−39.41	−631.58	256.23	错误
EPnP+GN	17.92	−44.75	−117.56	658.17	161.18	646.31	2.54	正确
RPnP	−19.24	41.62	63.06	627.54	190.29	−684.32	256.90	错误
DLS	−19.53	43.03	62.86	640.38	186.99	−663.04	257.03	错误
OPnP	−19.71	42.91	62.70	647.65	192.06	−672.89	256.51	错误
ASPnP	−19.40	42.88	62.31	639.62	186.03	−665.69	256.56	错误
SDP	−20.39	44.01	62.27	646.75	191.33	−643.66	259.93	错误
PPnP	−20.39	44.00	62.27	646.75	191.33	−643.66	259.93	错误
EPPnP	5.43	3.83	59.19	49.54	−101.96	−705.83	1 585.29	错误
REPPnP	5.43	3.83	59.19	49.54	−101.96	−705.83	1 585.29	错误
所提方法	17.96	−44.67	−117.56	657.87	162.09	647.84	0.68	正确
PATB	17.99	−44.69	−117.58	657.72	162.19	646.99	1.19	正确

从表 5.9 和表 5.10 可知，总共 12 种方法中只有 3 种方法（EPnP＋GN，PATB 和所提方法）能够正确估计出相机的位置与姿态参数。所提算法的投影误差 RMSE 最小，分别为 0.61 像素和 0.68 像素，甚至优于商业软件 PATB。其他 9 种方法均得到错误解，其摄站点 Z_s 坐标均为负值。此外，还可以发现，当观测值中不包含粗差时，所提算法对参数初值的依赖性很低。比如，第二幅影像的真实姿态与

位置为 $[\,17.964\quad -44.673\quad -117.563\quad 657.875\quad 162.093\quad 647.846\,]'$，然而，给定的初始值为 $[\,0\quad 0\quad -30\quad 0\quad 0\quad 100\,]'$。

为了在真实数据上验证所提算法对粗差的鲁棒性，在上述控制点的投影像点中随机选取 3 个点加入随机误差（粗差比例分别为 25% 和 20%），误差范围为影像大小范围。在 100 次独立测试实验中，所提算法的投影误差 RMSE 分别为 1.22 像素和 1.54 像素，其他方法均解算失败。

5.4　本 章 小 结

本章针对选权迭代法和 RANSAC 类方法的缺点，提出了基于 l_q（$0<q<1$）估计子的粗差剔除模型，并将该模型应用于影像特征匹配问题中，然后，采用 ADMM 优化求解该非凸非光滑代价函数。实验结果表明，所提 l_q 估计子能有效处理高达 80% 的粗差点，明显优于选权迭代法和 RANSAC 类方法。然而，参数敏感性分析实验结果显示了所提 l_q 估计子的一大缺陷，即 l_q 估计子对参数十分敏感，该缺陷严重限制了其实用性。于是，进一步引入了带尺度因子的 Geman-McClure 权函数对其进行改进，提出了加权 l_q 估计子。加权 l_q 估计子对参数变化十分稳定，对粗差比例的鲁棒性也比原始 l_q 估计子更好，其可以很好地处理高达 90% 的粗差；并且所提加权 l_q 估计子对噪声也非常鲁棒，其估计出的模型精度甚至优于选权迭代法。因而，极大地提升了原始 l_q 估计子的应用价值。除了将加权 l_q 估计子应用于影像特征匹配任务中，本章还将其推广到相机外定向和绝对定向任务中，分别提出了 RCEO 和 RAO 算法，进一步表明了所提加权 l_q 估计子是一个通用粗差剔除模型，后续研究将会把加权 l_q 估计子应用于光束法平差中。

第6章　无人机影像稳健几何处理方法

近年来，随着社会经济的快速发展，地表形态变化频繁，快速遥感测图响应成为测绘及社会其他行业对高分辨率遥感数据的广泛需求，无人机低空遥感技术在这一环境下也得到迅速发展，成为当下摄影测量与遥感领域的研究热点。无人机低空遥感影像的空中三角测量处理是无人机遥感平台应用于实际中迫切需要解决的关键问题。

作为一种新兴的遥感技术，无人机低空遥感的优势主要体现在：①可在云下低空飞行和云下摄影，弥补卫星遥感和常规航空摄影在有云覆盖地区上空不能获取有效数据的缺陷；②无人机低空飞行平台的数据获取成本比航空航天遥感平台低；③采用一般数码相机作为数据传感器，采集速度快，地面分辨率高（可达 10 cm 以内）；④飞行高度低，能够获取大比例尺高清晰影像，在获取局部信息方面有着巨大优势。

作为新发展起来的遥感平台，无人机低空遥感系统尚需解决不少问题。无人机飞行平稳程度不如有人驾驶飞机，不容易操纵，易受风力的影响，从而导致飞行航线平移、飞行轨迹不再像传统的航空摄影沿直线飞行（航线弯曲度≤3%），这样使得拍摄的影像航向重叠度和旁向重叠度都不够规则，影像的旋角较大等。由于无人机低空遥感平台本身的限制，其获取的影像还存在像幅较小、像片数量多、影像的倾角过大且倾斜方向没有规律等问题。上述这些问题给无人机低空遥感影像的自动空三处理带来困难：①由于相片数量过多，重叠度高且不规则，控制点的刺点工作量相应地增加，导致空三工作效率降低；②相邻影像的旋偏角大，比例尺差异大，航向重叠度和旁向重叠度不规则，降低了灰度相关的成功率可靠性，给连接点的自动提取和布设带来困难，影响到后续的自动相对定向等一系列问题，最终导致空三处理异常困难。

针对这些问题，本章提出一种稳健便捷的摄影测量处理流程，包括航带管理、并行内定向、像控点预测、均衡化匹配算法等，并采用多视匹配方法生成数字表面模型和数字正射影像。实验表明，本章提出的方法能够稳健的对不同类型的低空无人平台影像进行摄影测量，其精度满足测图规范要求，实现从航飞、数据处理到三维可视化快速应用，为快速响应遥感制图应用提供了一种简便稳健的技术途径。

6.1　无人机影像几何处理相关研究

传统航空摄影测量中自动空中三角测量技术发展相对成熟，市场上已有大量的商业软件可供选择，如国内测绘局大量使用的 VirtuoZo 和国外 Z/I Imaging 公司的 MATCH-AT 等。然而，这些软件包并不能完美地处理具有不规则重叠的无人机影像。快速自动获得无人机影像的定向参数是当前的难点。近年来，一些从近景或无人机影像上自动提取一致连接点集的方法被应用于摄影测量流程中。一些商业软件也涌现出来，例如 PhotoModeler Scanner、Eos Inc、PostFlight Suite、Pix4D 等；网络上也共享了一些免费的服务和软件，其中网络服务有 Photosynth、123DCatch，开源软件有 VisualSFM、Apero 和 Bundler 等，尽管这些服务或软件有时并不可靠，或精度不高。一般低空轻型无人机上配置有定位定姿设备，但其直接定向精度难以用于高精度测量应用。因此，无人机影像定向多依赖基于影像的定向，或称为空中三角测量（简称空三）。

由于无人机平台的不稳定性，无人机影像之间几何关联变得非常复杂，这使得连接点的生成更加困难。为减少像对间的匹配次数并降低错误匹配对的数目，不同的思路出现在不同的文章中。Barazzetti 等（2010c）将有序图像序列按每三幅影像一组依次进行匹配转点，获得至少 3° 以上的连接点，这种方法存在线性累积误差。在另一篇文章中，他们又提到了两种思路：一种是利用影像缩略图快速处理而获取影像之间的"可视图"；另一种方式是利用 global positioning system / inertial navigation system（GPS/INS，一般简称为定位定向系统 position & orientation system，POS）和数字表面模型（digital surface model，DSM）估计影像间的重叠（Barazzetti et al.，2010b）。Norbert Haala 采用了与思路一类似的方法，利用开源软件 Bundler（Snavely et al.，2007）对一组图像进行处理获得影像之间的连接关系，同时也得到了稀疏的三维点（Haala et al.，2011）。本章提出的方法与第二种思路类似，但不需要 POS 或者 DSM 数据。

对于很多的计算机视觉研究任务来说，图像畸变校正并不是完全必要的操作，如广泛采用的"structure from motion（SfM）"方法可以处理大量的影像，获得定向参数，并自动三维建模。对于获取准确地理信息的摄影测量来说，经过畸变校正得到的可量测影像是一个输入要件，控制点的定向作用则是另一个不可或缺的部分。在传统的商业航空摄影测量软件中，控制点一般是手工刺点，部分软件（如 LPS、Inpho 和 VirtuoZo）利用一张影像上多于 3 个控制点根据共线方程计算外方位元素，再由外方位元素和其他控制点的三维坐标，反算其出现在影像上

147

的位置。因无人机像幅小，一张影像上的控制点不会太多，一个控制点则会出现在多张影像上，因此控制点预测方法则有助于提高此步骤的效率。

大多数情况下，无人机影像的自动空三处理方式与近景影像比较一致。由于 SIFT 算法（Lowe，2004）对影像之间的旋转、尺度等具有较好的不变性，一般采用 SIFT 算法获取尺度不变特征点和粗匹配点对，利用 RANSAC 算法（Fischler et al.，1981）和核线约束或者利用相对定向的方法去除错误匹配点对，以这些正确的匹配点对为初始值，利用其他的特征提取方法如 Harris 等（1988）或者 Fostner（1986）加密匹配连接点，并用最小二乘匹配方法优化匹配，最后进行平差计算得到无人机影像的外方位元素，典型的方法如 Zhang 等（2011）。其他方法与此类似，如 PreSync（Laliberte et al.，2010；Laliberte et al.，2008）直接利用 Kolor Autopono 软件获得 SIFT 匹配点结合初始外方位元素和参考影像经多次迭代计算平差最后得到影像的外方位元素；ATiPE（Barazzetti et al.，2010a，2010c）则在结合最小二乘方法获取准确的 SIFT 特征点之后，又提取了 FAST 点进行多图像最小二匹配以获得更多的连接点从而提高空三精度。

与上述思路相比，本章提出一种面向无人机影像空三处理的改进 SIFT 特征提取和匹配方法，自动获取均匀的影像匹配连接点，直接输出给 PATB 软件平差计算，从而省去上述方法中 SIFT 匹配后角点等特征点提取和匹配的步骤，提高了处理效率。此外，为对低空无人平台弱控制航摄影像建立符合航测处理要求的区域网，提出一种利用无人平台飞控数据航带整理方法，快速构建区域网内像对连接关系。针对较传统航测 10 倍以上的小像幅低空无人平台非量测影像的畸变校正和内定向，本章提出一种基于映射查找表的并行内定向处理算法以提高内定向处理速度。针对无人机控制点的刺点工作量大的问题，提出一种基于 SIFT 匹配结果的控制点预测方法，提高控制点刺（转）点效率。实验证实，本章的方法流程清晰、简单，精度较好，且易于实现。

本章首先介绍无人机影像空三处理的思路、实验中使用的低空无人机数据获取系统和实验数据，随后详细的介绍空三处理的过程，包括航带整理方法、快速内定向方法、改进的 SIFT 匹配算法、平差计算、DSM 和 DOM（digital orthophoto map，数字正射影像）生成，以及 DSM 和 DOM 的快速三维可视化；接着阐述空三处理和产品生成的实验结果及分析。

6.2　无人机影像处理策略与数据获取

6.2.1　处理策略

在无人机用于灾害应急、快速响应时，无人机快速获取影像后，要求影像能够快速处理，因此稳健简便、面向速度的无人机影像定向方法或改进算法是无人机影像空三处理的关键因素。首先，相邻影像之间的重叠关系可以由飞控数据估算得到，从而获得区域网内像对连接关系。其次基于映射查找表的并行内定向处理算法以提高内定向处理速度。改进的 SIFT 算法可以快速获得大量的像对之间的连接点。利用匹配结果预测控制点位置，提高控制点刺点效率。将匹配连接点和控制点输入给 PATB 直接平差计算，快速获取影像的定位定向参数。将平差得到的加密点坐标转化为密集点云，快速生成 DSM 和 DOM，根据 WorldWind 软件的数据组织模型，将 DSM 和 DOM 叠加可以获得快速三维可视化效果。图 6.1 展示了本章的技术思路。

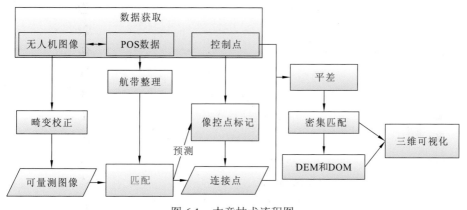

图 6.1　本章技术流程图

POS 为组合导航系统（positioning and orientation system）

6.2.2　实验数据 1-杨桥店测区

实验所用无人机低空遥感平台主要由固定翼飞行平台系统、遥感影像获取系统、微型导航程控飞行管理系统和地面监控系统组成。无人机可以按照预设的轨迹飞行，飞行管理系统可以根据设定的拍摄位置控制相机曝光拍摄获取地面影像。微型导航程控飞行管理系统可以得到每个曝光时刻无人机的位置和姿态。机长约

2 m、翼展 2.5 m，有效载荷 4 kg，自主飞行速度约为 100 km/h。飞机上搭载的遥感影像获取系统为佳能 EOS 450D 单反相机，焦距为 24 mm，获取相片为 4 272×2 848 像素，每个像素约为 5.2 μm。航飞高度约 600 m，影像地面分辨率约 10 cm。

该无人机系统于 2010 年 5 月获取了我国中部一个名为"杨桥店"区域的 17 个航带，共 854 张影像，地表有一定起伏，海拔在 25～60 m。航带东西走向，最长航线为 4.8 km 左右，最短航线为 3.4 km 左右，飞行跨度大约为 3.4 km，测区面积 12.88 km²。如图 6.2 所示，绿色小三角形表示影像拍摄位置，三角形方向为飞行方向；共布设 45 个控制点，其中 33 个红色三角形为空三控制点，剩余 12 个圆形为检查点。图 6.2 显示航带由折线构成，飞控数据显示：该测区平均相片旋角为 9.93°，最大相片旋角为 49.22°，平均航片距为 18.19 m，最大航片距为 74 m；航片重叠极不规律，航向重叠最大为 93%，最小为 67%，旁向重叠最大为 75%，最小为 40%。部分典型影像数据如图 6.3 所示。

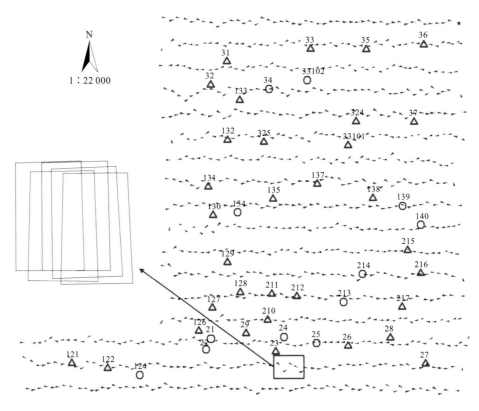

图 6.2　杨桥店测区示意图

图 6.3　杨桥店测区典型无人机图像

图 6.4 展示了控制点的布设和标记方式。左图显示控制点为地面上用石灰撒成直径约 1 m 的圆形，其中心坐标采用 GPS RTK 方式测得，精度约 0.02 m；右图中展示了像控点中心标记。

（a）控制点布设方式　　　　　　　　　（b）控制点标记方式

图 6.4　杨桥店控制点布设

6.2.3　实验数据 2-平顶山测区

平顶山测区位于中国中部，海拔范围 80～130 m。2011 年 5 月，另一架固定翼飞机搭载中国测绘科学研究院研制的 SWDC-5 相机（焦距 82 mm）获取了 7 个航带，共 165 张影像。像幅大小为 5 362×7 244 像素，每个像素 6.8 μm。影像在处理前已由设备提供商进行畸变校正。航带沿东西方向，实验选取其中 80 张影像进行实验，如图 6.5 中红框标记所示，实验区域长约 2.3 km，宽 1.5 km。85 个控制点的精度约 0.01 m，其中 14 个控制点（图 6.5 中标记为红色圆圈）作为检查点。由于航飞中风向的缘故，影像间呈现不规则重叠。飞控数据显示平均航向重叠为 63%，最大重叠为 75%，最小重叠为 31；平均旁向重叠为 40%，最大旁向重叠为

50%，最小为 31%。图 6.6 展示了平顶山区域的典型影像。传统航空摄影测量中控制点布设要求沿航线方向每三条基线一个点，每隔两条航线布设一个点。由于实验区域地形的限制，无法完全满足该要求。

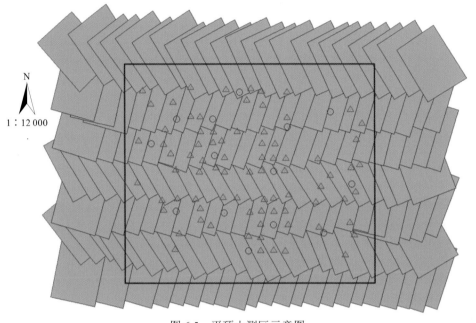

图 6.5　平顶山测区示意图

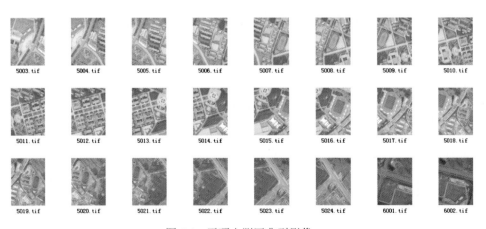

图 6.6　平顶山测区典型影像

6.3　无人机影像摄影测量处理

6.3.1　航带管理

传统航测像片数量少，且有人参与航摄，起降和转弯中可停止航摄，像片整理简单，低空无人机航摄像片数目多，并且为无人控制连续航摄，采用传统航测方法构建区域网工作量大。另外，弱控制无人遥感平台航摄造成航带内和航带间的重叠不规律，像片间的连接关系复杂，直接影响影像匹配效率和空三加密计算精度。

根据低空无人机遥感平台弱控制系统获取的位置和姿态数据可自动计算航片连接关系拓扑图（航带关系图）。在航带生成过程中，根据翻滚角 κ 角删除无人机在起飞和转弯过程中拍摄的相片，得到的结果如图 6.2 和图 6.6 所示。

通过计算像片中心点偏转角 β 判断该像片是否属于某条航带，当 β 小于给定的阈值则将该像片加入航带中，阈值的大小按照无人机低空数字航摄技术规范确定。

无人机飞控数据记录了每张像片拍摄时相机的位置（X_s, Y_s, Z_s）、航向角 φ、俯仰角 ω、翻滚角 κ，即得到每张像片粗略外方位位置元素，再结合相机参数，利用共线条件方程如式（6.1），可以得到每张影像的地面视场（field of view，FOV）。

$$X = X_s + (Z - Z_s)\frac{a_1 x + a_2 y - a_3 f}{c_1 x + c_2 y - c_3 f}$$
$$Y = Y_s + (Z - Z_s)\frac{b_1 x + b_2 y - b_3 f}{c_1 x + c_2 y - c_3 f}$$

(6.1)

式中：f 为相机焦距，单位为 mm；Z 为测区平均高程，可由用户输入，或根据控制点平均高程确定；X_s、Y_s、Z_s 为相机投影中心的物方空间坐标；a_i、b_i、c_i（$i=1$，2，3）为影像的 3 个外方位角元素（φ，ω，κ）组成的 9 个方向余弦；(x, y) 为像点坐标，单位为 mm；(X, Y) 为相应的地面坐标。根据每张相片对应的地面视场范围，可以快速计算影像之间的重叠关系。具体步骤如下。

步骤 1：计算像片的 FOV。

步骤 2：在航向，计算该像片和其前后各 5 张像片的航向重叠度，当航向重叠度达到给定的阈值后将其添加到该像片的航向连接关系中。

步骤 3：在旁向，按照位置查找并计算其相邻两条航带内的像片和该像片的旁向重叠度，当旁向重叠达到给定的阈值后将其添加到该像片的旁向连接关系中。

步骤 4：重复步骤步骤 1 到步骤 3，直到所有像片都计算了航向和旁向的连接关系，从而构建航测区域网，以用于影像匹配和空三平差。

根据上述步骤生成的像对连接关系图可用于指导后续匹配等，对影像连接关系图进行可视化，如图 6.7 所示。图中连线表示有一定重叠的像对，无连接的像对则不进行影像匹配，这能有效减少相片之间的匹配次数和错误匹配率。

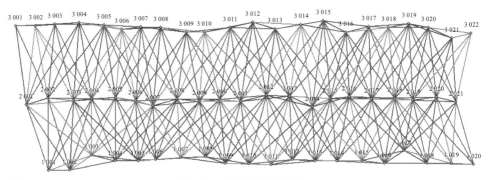

图 6.7　像对连接关系图

6.3.2　基于并行计算的畸变校正

畸变校正前后的像点坐标变换可利用式（6.2）进行拟合。

$$\begin{cases} \Delta x = (x - x_0)(k_1 r^2 + k_2 r^4) + p_1[r^2 + 2(x - x_0)^2] + 2p_2(x - x_0)(y - y_0) + \alpha(x - x_0) + \beta(y - y_0) \\ \Delta y = (y - y_0)(k_1 r^2 + k_2 r^4) + p_2[r^2 + 2(y - y_0)^2] + 2p_1(x - x_0)(y - y_0) \end{cases}$$

（6.2）

式中：Δx、Δy 为像方坐标改正值；x，y 为像方坐标系下的像点坐标；x_0，y_0 为像主点；$r = \sqrt{(x - x_0)^2 + (y - y_0)^2}$ 为像点到主点的距离；k_1、k_2 为径向畸变参数；p_1、p_2 为切向畸变参数；α 和 β 为沿相片轴方向的尺度因子。在本节中，$(\Delta x, \Delta y)_{[i][j]}$ 为像点（i，j）的坐标校正值。

对于非量测相机，在定焦拍摄的情况下，镜头畸变属于系统误差，它对每幅影像的影响相同。采用基于查找表映射的畸变校正算法以整个测区的单张像片为单位进行畸变校正。首先选择测区中的一张数码影像，应用畸变校正模型对该影像进行畸变校正，并将像片中每个像点（i，j）对应的偏移量（Δx，Δy）$_{[i][j]}$ 计算出来，存储在一个二维的查找表 Array$_{[W][H]}$ 中，二维查找表的宽和高与影像的宽和高一致。其次，通过二维查找表对测区中剩余影像进行畸变校正。剩余影像中像点（i，j）的偏移量则可以通过查找二维查找表中对应的值 Array$_{[i][j]}$ 获得，可以直接进行畸变校正，避免了大量的重复计算，一定程度上加快了影像畸变校正的速度。

将 OpenMP 并行处理技术引入基于查找表映射的畸变校正算法，通过 OpenMP 对同一计算机所有的 CPU 核进行调度，电脑的每个 CPU 核都可以采用基于查找表映射的畸变校正算法对影像进行畸变校正，也即是每个影像块由一个 CPU 核进行畸变校正。这样不但充分利用了计算机的多核优势，而且也成倍地缩短了对影像进行畸变校正的时间，从而在整体上提高无人机影像定向的效率。

本章在双核 2.80 GHZ CPU 的计算机上分别用传统的畸变校正算法、基于查找表映射的畸变校正算法和基于映射查找表的并行内定向处理算法三种方法对杨桥店测区的 30 张影像进行畸变校正，对比分析了三种方法的处理效率，如表 6.1 所示。

表 6.1　三种畸变校正算法耗时　　　　　　　　　（单位：s）

方法	第一张影像	剩余影像平均	总耗时
传统畸变校正算法	10.4	10.4	314.0
查找表映射算法	10.4	6.0	182.7
映射查找表并行算法	5.8	3.4	104.4

对比表 6.1 数据可以看出：基于查找表映射的畸变校正算法，由于避免了像点偏移量的重复计算，耗时比传统的畸变校正算法减少了 42.3%；而基于映射查找表的并行内定向处理算法，在基于查找表映射的畸变校正算法的基础上，充分发挥了计算机的多核优势，效率比传统的畸变校正算法提高了 3 倍。而且电脑所拥有的 CPU 数量越多，基于映射查找表的畸变的并行内定向处理算法效率越高；测区影像的数量越多，影像畸变校正节省的时间越多。可知，基于映射查找表的并行内定向处理算法比起传统的畸变校正算法有很大的优势，可以成倍地提高影像畸变校正的速率，具有十分重要的意义。

经过几何畸变校正之后的图像就是可量测影像，在可量测影像上进行特征提取、匹配和空三平差及测图等后续操作。

6.3.3　均衡化影像匹配方法

摄影测量空三加密要求影像连接点分布均匀。实践发现，用原始的 SIFT 算法处理无人机影像得到的匹配点分布并不均匀，因此需要进行改进。SIFT 匹配算法本身可以分为三部分：特征提取、特征匹配获得初始匹配对和利用几何约束的图像匹配操作优化匹配对。对其中的第一步和第三步进行改进，提出面向区域网空三计算的改进 SIFT 匹配算法来对图像进行匹配处理，得到影像连接点。根据前述"航带管理"中得的影像连接关系每次取一个相对，采用分块自适应多线程加速的策略提取 SIFT 特征点。根据预匹配的结果判断各影像块是否具有重叠，对具有重叠的影像间的小块进行匹配，首先利用 BBF 搜索算法提高初始匹配对（NN/SNN）的计算效率，然后采用 RANSAC 与几何约束相结合的方法剔除错误匹配对，最后利用本章即将阐述的多视验证策略对匹配点进行处理得到高重叠度的连接点，用于平差计算。匹配得到的影像变换关系还可以用于控制点预测，提高控制点刺点效率。这一面向空三平差的匹配方法（bundle adjustment oriented SIFT，BAoSIFT）的流程如图 6.8 所示。

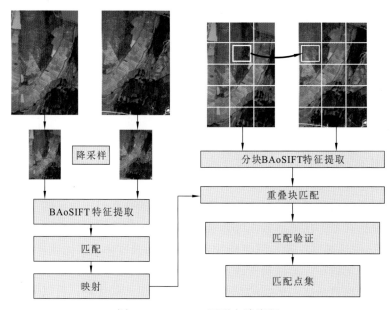

图 6.8　BAoSIFT 匹配方法流程

1. BAoSIFT 特征提取

为了获得影像上分布均匀的特征点从而提高匹配点的分布均衡性，BAoSIFT 特征提取方法实际为分块自适应 SIFT 特征提取方法。由于无人机影像像幅较小，单张影像对应的地形地貌的变化较小，影像块内纹理类型相对简单，影像块提取的特征点分布较为均匀，各影像块的特征点数量也应大致相当，所以 BAoSIFT 特征提取算法中的自适应特征数量阈值 T 为各影像块特征点数量的加权平均值，其权为各块的信息熵。算法的基础是通过实验得到的 SIFT 特征点数量与 SIFT 特征提取参数之间的大致规律。BAoSIFT 特征提取算法步骤如下。

（1）首先设置默认参数，或者获取用户定义的参数，包括影像块数量（行数和列数）。在本章的实验中，影像一般划分为 5 行 3 列，共 15 块，如图 6.8 右上角所示，每一图像块为其中心的 800×800 像素，这一划分的思想来源于传统摄影测量实践——标准点位。

（2）根据设定的影像块参数，计算各影像块的大小和位置。

（3）取出影像块，根据（1）中的参数提取各块的 SIFT 特征，根据式（1.3）计算各块特征点数目的平均值，作为特征提取的阈值 T。

$$
\begin{cases}
T = \dfrac{\sum\limits_{i_b=1}^{n} H_{i_b} \times N_{i_b}}{n} \\
H = -\sum\limits_{i=0}^{L-1} P_i \log_2 P_i
\end{cases}
\tag{6.3}
$$

式中：n 为影像块数量；N_{i_b} 为影像块 i_b 内提取的特征数量；H_{i_b} 为影像块 i_b 的信息熵；P_i 为影像块 i_b 内灰度 i（$i=0$，1，$\cdots$，255）的统计概率；L 为灰度级数，在本章实验中其值为 256。

（4）判断影像块的特征数目是否达到阈值 T，如果小于阈值则转入（5），否则当前块已处理完毕，转到（7）。

（5）根据当前特征数目、特征提取参数与影像特征数目之间的相关规律，修改参数。

（6）根据新的参数，再次对影像块进行特征提取，不论此次影像块的特征数目是否小于阈值 T，都进入下一步操作。

（7）判断是否是最后一个影像块，不是最后一块则转到（3），否则结束处理，影像特征点提取完成。

在该特征提取的均匀化算法中，各影像块的特征提取处理最多两次，即使第二次提取中修改参数后匹配点数量仍未达到阈值 T，也不再继续循环，此时认为该块的特征提取操作已结束，影像块本身不适合提取更多的特征点。一幅影像上各块特征提取采用多核并行计算，提高处理效率。

2. 块匹配策略

分块匹配算法是将分块自适应 SIFT 特征提取得到的特征点进行快速匹配。首先将原影像缩小到长宽都小于 1 000，对缩小的影像进行快速匹配处理，得到影像对各像素之间的变换关系。根据此变化关系，可以判断影像对上的各小块是否重叠，对有重叠的影像块进行特征匹配得到粗匹配点对，然后利用 RANSAC 和几何约束结合的方法去除错误匹配对，直至对一幅像对上所有的影像块处理完毕，最后利用简单几何约束进行整体优化，去除因不重叠的小块因重复纹理而导致的匹配。

3. 简单多视验证

赋予每一对匹配点相同的序号 ID，其他影像上与这一点对中的任一点能够满足匹配要求的点也赋予同样的 ID，一直传递下去，直到所有的具有重叠度的点都进行匹配，则所有得到的匹配点至少有两度重叠。由于实际在匹配结果中情况比较复杂，图 6.9 给出一个简单的示例。图 6.9 中共有 5 张影像，依次为 Photo1 至 Photo5，图中连线表示影像上的点经匹配约束验证为正确的匹配对，然后对这些匹配对赋予 ID，即图中的数字。图中 ID 为 2 的点为二度重叠连接点，5 和 6 为四度重叠连接点，其他为三度重叠连接点。这个方法虽然简单，却非常实用，后面的实验将验证这一方法的有效性。此外，在本章的实验中，航向重叠为 2 的点（例如 ID 为 2 的点）将被删掉，不参与空三平差。这是由于这些点对仅能用于单相对相对定向，而高重叠度的点对则可用于连续相对定向，稳定性更高；此外，旁向重叠度为 2 的点则连接了相邻航带。这一操作细节使得平差网络更为稳健。

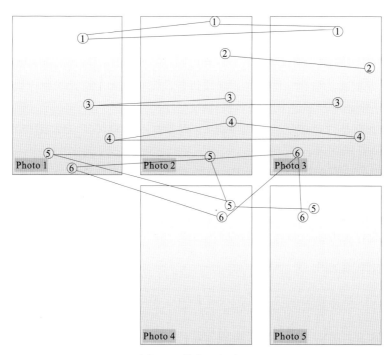

图 6.9　简单几何验证

6.3.4　控制点预测方法

控制点预测可由式（6.4）表示

$$\begin{bmatrix} X_2 \\ Y_2 \\ 1 \end{bmatrix} = \boldsymbol{M} \begin{bmatrix} X_2 \\ Y_1 \\ 1 \end{bmatrix} \tag{6.4}$$

式中：$\boldsymbol{M}$ 表示影像像素之间的变换关系，一般为 3×3 的矩阵，且可逆。

只要匹配准确，计算得到的变换关系也会准确，因而可以连续计算。在某一影像的一个像素点通过多张影像间的匹配得到的多个 $\boldsymbol{M}$ 矩阵，可以在周围的其他多张影像上找到该像素的对应点。

在处理带有 POS 数据的无人机航摄影像时，POS 数据与上文的 SIFT 匹配结果联合处理可以减少控制点漏刺的情况，同时提高效率。利用 POS 数据计算控制点在影像上的隐现关系和匹配结果所得的变换关系判断控制点出现的影像及在影像上的位置。如图 6.10 所示，在名为"1008.tif"的影像（图中中上部）刺上点号为"111"的控制点，根据 POS 数据及影像变换关系，自动在周围影像上（同一航带的 1007.tif、1009.tif、1010.tif，上一航带的 2009.tif、2010.tif）得到了控制点的位置，每幅影像的右下角为放大图，从放大图样上可以看到航带内和航带间预测效果均较好。

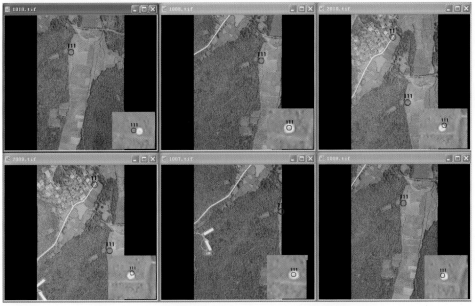

图 6.10　基于 POS 数据和 SIFT 匹配的快速控制点预测

本章提出的快速控制点预测方法，不需要 4 个以上的控制点信息，方便快捷，可以很好地预测控制点位置，降低控制点刺点工作量。

6.3.5　光束法平差

将控制点在各影像上的像点位置和 BAoSIFT 得到的匹配连接点按照德国摄影测量研究所空三平差软件 PATB 的输入文件格式组织成像点文件，与控制点的大地坐标一起利用 PATB 进行平差即可得到影像的外方位元素，同时也得到了匹配连接点对对应的物方点坐标。

6.3.6　密集匹配与 DSM、DOM 生成

利用已知的影像及其外方位元素，通过密集匹配技术或者人工交互量测的方法建立 DSM。人工交互的方法得到的稀疏点需要进一步人工编辑才能生成精确的 DSM。本章改进了密集匹配方法——块基元多视图密集匹配软件（patch-based multi-view stereo software，PMVS）来生成 DSM，采用分治合并的思路将测区内的影像进行分组，分别采用 PMVS 进行密集匹配得到点云，最终将各组点云合并得到整个测区的点云。在 PMVS 密集匹配过程中，将 BAoSIFT 得到的匹配点作为种子点，进行扩展和过滤。最终整个测区的点云转换得到 DSM，整个流程如图 6.11 所示。每张可量测影像通过 DSM 和正射校正得到对应的正射影像，进一步拼接得到测区 DOM。

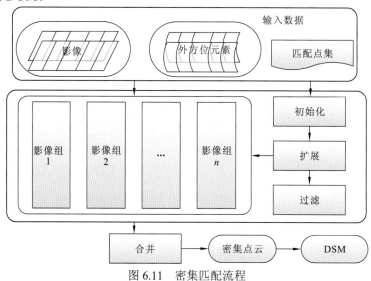

图 6.11　密集匹配流程

6.3.7　三维可视化

采用 NASA 开发的开源 World Wind 软件的数据模型对 DSM 和 DOM 数据进行组织管理，并实现快速三维可视化。World Wind 支持的影像数据和高程数据均基于金字塔模型组织。因此，本章开发数据处理工具，按照 World Wind 的格式要求对 DSM 和 DOM 数据进行分层分块的切割和存储，实现数据的集成管理，利用 World Wind 实现可视化。

6.4　实验结果与讨论

低空无人机影像和像控点是本节摄影测量处理实验的输入数据源。实验中并没有进行传统航测内业空三加密流程中人机结合的挑粗差的工序，而是直接将匹配连接点用于空三平差处理，得到影像的外方位元素、空三平差的精度（中误差）、匹配连接点的三维坐标（加密点点云）、DSM、DOM。

6.4.1　均衡化影像匹配实验

1. 特征提取效率和分布

输入相同的影像，影响特征提取效果的主要参数为影像块大小，这一参数可进行数量比较。本节采用图 6.3 中第一幅典型影像进行实验比较不同特征提取方法的性能和特征数量，这里比较了原始的 SIFT 算法、BAoSIFT 算法和多线程加速的 BAoSIFT MT 算法，结果如表 6.2 所示。由于原始 SIFT 计算复杂度较高且需要大量的内存，实验中仅输出影像块内的特征。与此同时，实验并不考虑影像块

表 6.2　SIFT 与 BAoSIFT 性能比较

块尺寸	SIFT		BAoSIFT		BAoSIFT MT
	时间/ms	特征数量	时间/ms	特征数量	时间/ms
64×64	5 007	9 925	8 018	12 749	2 340
128×128	5 054	12 203	8 053	15 037	2 424
256×256	5 504	13 594	8 081	16 606	2 605
512×512	5 679	14 209	8 346	16 951	2 659
1 024×1 024	5 959	14 628	8 736	17 635	2 715

边界的影响。实验结果显示，512×512 是计算时间和特征数量的最佳折中参数。BAoSIFT 与 BAoSIFT MT 的对比显示，多线程加速策略显著提高了效率。总体而言，本章提出的改进方法 BAoSIFT 确实提高了特征数量。图 6.12 展示了 BAoSIFT 特征提取的空间分布优势。

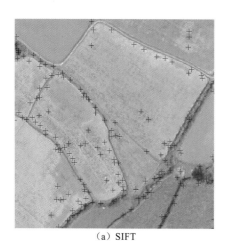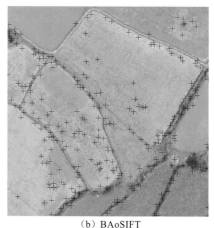

（a）SIFT   （b）BAoSIFT

图 6.12   SIFT 与 BAoSIFT 特征分布对比

2. 均衡化特征匹配实验

本章提出的均衡化匹配方法可以得到 1 000 个以上稳定的匹配点对/影像对。表 6.3 和图 6.13 展示了同一立体像对（影像大小为 $4\,272 \times 2\,848$，已畸变校正）的不同匹配策略的结果，图 6.13 中绿色十字丝即为匹配点位置。图 6.13（a）是原始 SIFT 特征提取、匹配得到初始匹配结果后，利用 RANSAC 和单应约束相结合去除错误匹配对的结果，匹配对数量为 631。图 6.13（b）是本章提出 BAoSIFT 改进方法的结果，影像分为 5 行 3 列，取各块中心大小为 800×800 像素的区域作为影像匹配块，并利用 BAoSIFT 提取各块特征。首先利用缩小影像得到影像间的单应变换参数，利用这些参数预判各个影像块是否重叠，重叠的块对采用与图 6.13（a）一样的方法计算，最后采用视差统计的方法整体优化得到最后的匹配结果，匹配数 1 381。图 6.13（c）与图 6.13（b）方法相同，但未利用缩小影像的结果预测，影像对上所有的小块都进行匹配，最后采用视差统计的方法整体优化，匹配数 3 845。图 6.13（d）与图 6.13（c）基本一致，只是在最后的优化方法上有所区别，图 6.13（d）采用的是极线约束，最后的匹配数量是 3 371。经人工目视检查，图 6.13（a）、图 6.13（b）和图 6.13（d）的结果全部正确，图 6.13（c）则存在明显的错误匹配对：在左影像的左边及右影像的右边部分散落的匹配点，此外，

表 **6.3**　不同匹配策略性能与运行时间对比

策略	a	b	c	d
匹配对数量	631	1 381	3 845	3 371
耗时/ms	2 558	8 074	72 649	73 415

（a）策略a

（b）策略b

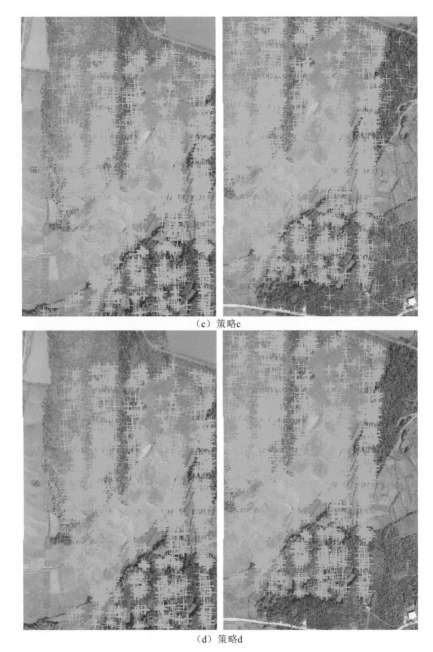

（c）策略c

（d）策略d

图6.13　不同匹配策略的无人机图像匹配点分布

其他地方也存在错配匹配点。出现这种情况的原因是单应约束是一种平面的约束，两幅影像的同名点对应的地物在同一平面上，因此 RANSAC 与单应约束的方法实际上是通过多次迭代寻找一个平面，这个平面上对应了最多的匹配点。因此影像分块匹配方法实质上是获得了影像上多个平面上的匹配点对，从而提高了匹配点的数目和分布均衡性。

表 6.3 显示策略 a 的匹配效率最高，耗时最少，但匹配点分布不均匀。策略 b 耗时约为策略 a 的三倍，主要耗时在匹配点的搜索上，但匹配点分布较为均匀。策略 c 和策略 d 效率相当，匹配点均匀地分布于立体像对的重叠区，但耗时比策略 b 长。考虑实际使用中的效率和匹配点的分布情况，策略（b）所代表的方法是一种较好的折中方案。

实际上，由于无人机影像之间的重叠并不规则，一张影像一般和多张影像重叠（大于 4 张），即便采用图 6.13 中（b）的方法，一张影像还需其他的影像匹配，因此最后得到的影像匹配连接点还是布满了整幅影像。如图 6.14 所示，其中的影像对是图 6.13 中的两张影像，最后的匹配点布满了整幅影像。同时，图 6.14 显示出 a 和 b 两种策略的差异，包括数量和分布的差异；图 6.14（b）的匹配点数量更多，分布更为均匀。这些均匀分布的匹配连接点对于空三计算来说是至关重要的，不仅是具有足够的多余观测值，而且将所有的航片连接起来。

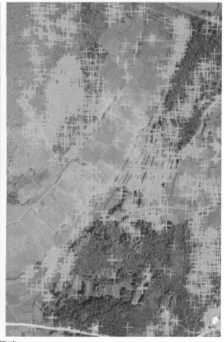

（a）策略 a

（b）策略b

图 6.14　策略 a 和 b 的区域匹配结果

6.4.2　光束法平差实验

为了评价本章提出的 BAoSIFT 均衡匹配流程之精度，本节对两个测区采用光束法平差进行实验。为展现改进方法的优势，本节还与开源软件 VisualSFM 在平差精度方面进行了对比。VisualSFM 为计算机视觉领域的开源软件，并不专门针对摄影测量应用，因而其平差中并不专门考虑控制点，但不少研究在无人机和近景影像处理中采用这一软件。针对这一实际情况，在实验中对 VisualSFM 的平差结果采用相似变换转换到大地坐标系进行精度统计和对比。

1. 杨桥店测区

两种 SIFT 匹配策略用来生成连接点，原始 SIFT 和 BAoSIFT，亦即图 6.13 中的策略 a 和策略 b。两种策略均采用并行计算，其影像块大小均为 512×512。在 BAoSIFT 匹配中，影像采用五行三列的标准点位分块，取中心的 800×800 像素区域进行处理。原始 SIFT 匹配得到了整个测区的 896 495 个连接点，而 BAoSIFT

则得到了 1 337 667 个连接点，且不包含二度航向重叠度的连接点。分别将两种策略得到的连接点及像控点输入 PATB 软件，得到了空三结果，如表 6.4 所示。在空三平差中，两种策略的控制点、检查点和平差参数的设置完全一致。空三均方根误差（RMS）指标显示，BAoSIFT 方法的结果优于原始 SIFT 方法，其他指标亦展现了 BAoSIFT 方法的精度优势。为进一步与其他软件进行比较，将相同的可量测影像和像控点输入开源软件 VisualSFM。VisualSFM 同样采用 SIFT 特征提取和匹配方法。经过穷尽式双像匹配（$n \times (n-1)/2$ 次，n 为影像数量）和平差，该软件得到了定向结果和连接点对应的三维坐标。事实上，对于 VisualSFM 而言，这些连接点至少为三度重叠。这里需要说明的是，VisualSFM 并未给出精度统计报告，因此，其像控点物方三维坐标采用多片空间前方交会得到；此外，PATB 软件不能处理 VisualSFM 输出的连接点。表 6.4 给出了 VisualSFM 自身平差的结果精度，低于本章采用的 SIFT 和 BAoSIFT 策略。

表 6.4　杨桥店测区空三精度对比

方法	控制点/m						检查点/m					
指标	最大 (ΔX)	最大 (ΔY)	最大 (ΔZ)	RMS (X)	RMS (Y)	RMS (Z)	最大 (ΔX)	最大 (ΔY)	最大 (ΔZ)	RMS (X)	RMS (Y)	RMS (Z)
SIFT (a)	1.51	0.61	0.97	0.32	0.24	0.54	0.57	0.37	0.83	0.23	0.22	0.51
BAoSIFT (b)	0.42	0.38	0.74	0.17	0.17	0.38	0.32	0.26	0.55	0.16	0.17	0.36
VisualSFM	1.21	0.98	1.33	0.65	0.56	0.82	1.42	1.01	1.46	0.78	0.68	0.91

影响空三精度的因素较多，例如控制点的精度及分布、连接点的数量与分布、影像重叠度、基高比等。在本章的实验中，空三精度的差异主要源于匹配方法的不同导致连接点的重叠度、数量和重叠度的不同。因此，本章将所有影像上连接点的位置进行叠加，按大小为 16×16 的格网进行累计，得到了图 6.15 所示的统计图。图 6.15（a）和（b）中呈现显著的格网效应，即蓝色区块边界附近没有匹配点，是由于特征提取中采用了 512×512 并行区块导致。类似的，图 6.15（b）还体现了标准点位区块的分布效应。对比图 6.15（a）和（b），即图 6.15（c），可以发现 BAoSIFT 得到了更好的连接点覆盖，即使将 SIFT 的格网统计数值乘以 1.5，仍不及 BAoSIFT，如图 6.15（d）所示。由此说明，在杨桥店测区数据上 BAoSIFT 得到了重叠度、数量和分布更优的连接点。这也是 BAoSIFT 比原始 SIFT 方法得到更高空三精度的主要原因。

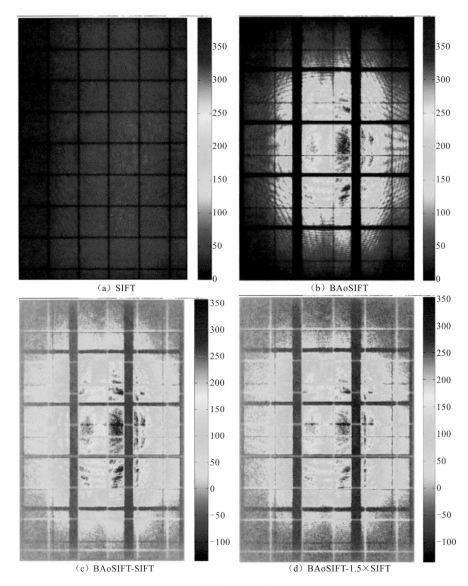

(a) SIFT   (b) BAoSIFT

(c) BAoSIFT-SIFT   (d) BAoSIFT-1.5×SIFT

图 6.15 杨桥店测区连接点空间累计

    实验进一步分析了空三结果的误差分布。图 6.16 给出了 SIFT 和 BAoSIFT 两种处理方法的控制点误差分布图，每个控制点上的线长度表示高程误差，线方向表示平面误差方向，圆大小表征平面误差。图 6.16 中可以看到具有较大误差的控制点基本分布于测区边缘，两种方法在右上部和左下部均具有较大误差，但 BAoSIFT 方法的误差值略小。

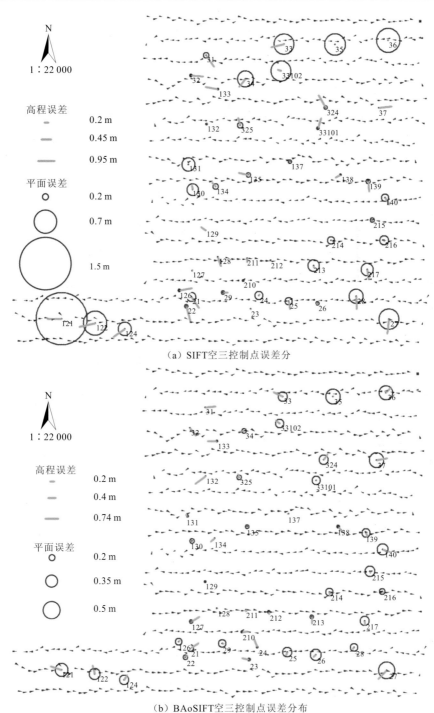

（a）SIFT空三控制点误差分

（b）BAoSIFT空三控制点误差分布

图 6.16　杨桥店测区控制点误差分布图

PATB 软件给出了连接点对应的三维坐标，图 6.17 展示了这些连接点及其地物颜色。图 6.17 中链接的分布表明连接点所对应的地物点基本覆盖了整个测区，除水域外。

图 6.17　杨桥店测区连接点三维点云

2. 平顶山测区

为进一步证实 BAoSIFT 均衡化匹配方法的优势，在平顶山测区对比了原始 SIFT 方法、VisualSFM 和 BAoSIFT 的连接点分布及空三精度。三种方法处理平顶山测区影像的流程及算法参数与杨桥店测区相同。原始 SIFT 方法得到了 100 482 个连接点，BAoSIFT 方法得到了重叠度大于 2 的连接点 16 244 个。采用相同的控制点、检查点和平差参数，经像控点刺点和 PATB 平差计算，原始 SIFT 和 BAoSIFT 方法的空三精度见表 6.5。VisualSFM 采用了相同的控制点和检查点。表 6.5 说明 BAoSIFT 的控制点和检查点均方根误差（RMS）均优于 SIFT 和 VisualSFM，VisualSFM

表 6.5　平顶山测区空三精度对比

| 方法 | 控制点/m | | | | | | 检查点/m | | | | | |
| | 最大 | | | RMS | | | 最大 | | | RMS | | |
	X	Y	Z	X	Y	Z	X	Y	Z	X	Y	Z
SIFT	0.140	0.114	0.657	0.035	0.032	0.189	0.142	0.052	0.437	0.048	0.025	0.167
BAoSIFT	0.135	0.070	0.192	0.021	0.019	0.042	0.132	0.046	0.231	0.039	0.019	0.070
VisualSFM	0.530	0.640	0.810	0.180	0.240	0.430	0.470	0.610	0.980	0.160	0.190	0.520
VisualSFM-PATB	0.149	0.056	0.842	0.025	0.024	0.140	0.139	0.055	0.589	0.038	0.027	0.159

的精度最低。VisualSFM 软件输出的连接点经过 PATB 平差后，其精度则由于原始 SIFT 方法，但仍然低于 BAoSIFT 方法。这说明穷尽式像对匹配对于精度的提高有限，本章提出的 BAoSIFT 均衡化匹配方法仍具有一定的优势。

图 6.18 给出了原始 SIFT 和 BAoSIFT 方法在平顶山测区连接点数量和分布上的对比，格网连接点数量统计方式与图 6.15 相同。在标准点位区域，BAoSIFT 仍然得到了更多的连接点，即便在影像不规则重叠的情况下。

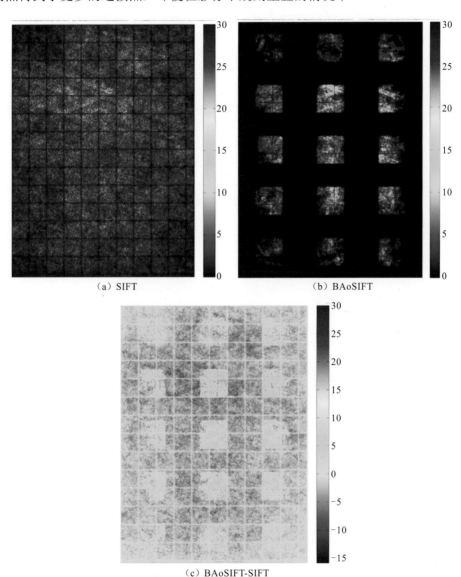

（a）SIFT　　　　　　　　　　　（b）BAoSIFT

（c）BAoSIFT-SIFT

图 6.18　平顶山测区连接点空间累计

　　图 6.19 中的控制点误差分布显示两种方法具有类似的情形，但 BAoSIFT 方法所得结果的误差值仍然较小。

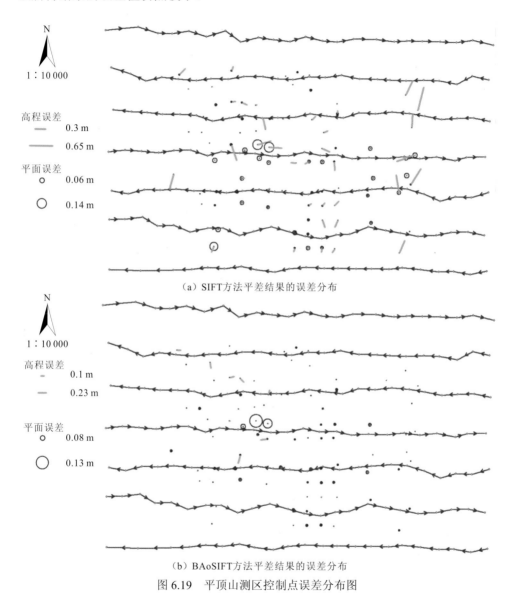

（a）SIFT方法平差结果的误差分布

（b）BAoSIFT方法平差结果的误差分布

图 6.19　平顶山测区控制点误差分布图

6.4.3　三维可视化

将 BAoSIFT 匹配方法得到的连接点输入给 PMVS 作为其种子点，用来生成密集点云，从而转换得到 DSM。每张影像通过正射校正得到正射影像，进而拼接得到整个测区的 DOM，图 6.20（a）和（b）分别展示了杨桥店一个像对的密集点云和对应的正射影像。借助于 NASA World Wind 开源软件，杨桥店测区的三维虚拟场景（DSM 和 DOM 叠置）得以完整展示，如图 6.21 所示。

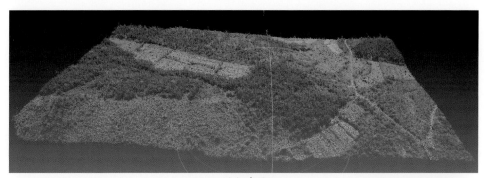

（a）点云

（b）正射影像

图 6.20　杨桥店测区单一像对的点云和 DOM 展示

图 6.21　基于 World Wind 的杨桥店测区三维可视化

6.5　本 章 小 结

　　实验结果展示了本章方法的有效性和可行性。相对于已有的工作，本章所提出的方法和流程更加简洁，能够快速实现无人机影像的定位定向，在快速测图、灾害应急响应等方面具有巨大的潜力。

　　本章中航带自动计算的方法能够自动处理概略 POS 数据，计算航片的大致覆盖范围，从而快速得到各航片之间的重叠与连接关系，能够有效减少立体相对的匹配次数，减少误匹配。本章采用直接数学模型模拟影像畸变，根据每幅影像畸变相同的条件利用多核计算和查找表技术快速进行畸变校正，这种方法能够显著提高畸变校正处理效率。根据影像之间的连接关系，BAoSIFT 均衡化匹配方法能从大旋角不规则重叠的无人机影像对中找到大量的分布均匀的匹配点。本章提出的控制点预测方法能够有效预测控制点出现的位置，大大减轻控制点刺点的工作量。影像匹配结果和控制点坐标直接输出到 PABT 进行空三加密计算，实现大旋角、小像幅低空无人平台影像自动空三加密处理。影像定向后利用开源软件和商业软件可以获得质量优良的 DSM 和 DOM。自主开发的数据切片工具快速得到 NASA World Wind 要求的金字塔模型数据，实现了 DSM 和 DOM 的快速三维可视化。

第7章　鲁棒性特征匹配应用实例

本书第 3～6 章分别对鲁棒性影像匹配的关键步骤进行讨论并针对当前方法弊病提出了有效改进方法，主要包括抗辐射畸变特征匹配算法、抗几何畸变特征匹配算法以及粗差剔除算法三类方法。本章将以所提三类关键技术方法为基础，对每个方法，用两个典型应用实例来说明这些算法的有效性与实用性。

7.1　多模态特征匹配应用实例

第 3 章提出了基于最大值索引图的辐射不变特征匹配方法，该方法不仅适用于一般的同源影像数据，也适用于异源多模态影像数据。也就是说，所提算法不仅能应用于一般的影像匹配应用，比如三维重建、影像拼接等，更重要的是，其还能用于医学多模态影像配准、多源影像信息融合等应用中。本节将通过三维点云纹理映射与手绘地图上色两个应用实例来说明所提算法的优越性。

7.1.1　三维点云纹理映射

目前，用于获取地物三维模型的方法主要包含两大类，即基于影像的重建方法和基于三维激光雷达扫描方法。相比于传统的影像三维重建，激光扫描装置在精度和抗干扰等方面更优，已经在国土测绘、灾害与环境监测、城市建模、电力选线、铁路公路勘测等方面得到了广泛应用。然而，激光扫描装置通常只能获取点云坐标及强度信息，缺乏符合人类视觉的纹理信息，可视性较差。因此，通常在激光扫描装置上安装数码相机，并标定出相机与激光扫描成像装置的相对空间关系，从而实现纹理映射。由于装置拆卸、松动及震动等多方面的原因，标定参数可能不够准确，导致每次任务前需进行重新标定。所提方法则能很好的解决该类问题，在精细建模（如文物高精度建模）等应用中具有很高的实用价值。

1. 实验数据

本应用实例的测试数据如图 7.1 所示，其中，图 7.1（a）是由激光点云深度图与假彩色航空影像构成的影像对，从 ISPRS 的语义标签比赛数据集 Vaihingen 中选取得到，GSD 为 0.08 m，影像大小为 450×600 像素，影像对间仅存在平移变换；图 7.1（b）是由激光点云深度图与真彩色航空影像构成的影像对，GSD 为 2.5 m，影像大小为 524×524 像素，影像对间存在旋转和平移变形。图中激光点云深度图根据点云深度（即高程）渲染，物体高程越大，像素值越大。

（a）影像对1

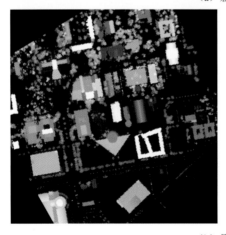

（b）影像对2

图 7.1　点云纹理映射实验数据

2. 实验设计与结果

首先，在每个影像对上提取匹配点对并剔除粗差点，计算影像对之间的仿射变换；然后，利用所得几何变换参数将待匹配影像投影到参考影像上，构成 4D 影像（即 RGB-Depth 四维影像）；最后，根据激光扫描成像仪的内参数将所得 4D 影像投影至三维直角坐标空间中，得到带纹理信息的点云数据。

图 7.2 给出了上述两个影像对的纹理映射结果，可以看到，颜色纹理信息与激光点云无缝套合，没有出现错位现象，大大提升了原始深度图的可视性。尤其是影像对 2，尽管影像对间存在大旋转变形，图 7.2（b）中建筑物边缘依然都完整套合。实际上，该纹理映射也可以看成是给彩色影像像素赋予坐标信息，不同于正射影像（DOM），该坐标还包含有高程值信息。这对基于影像的违章检测、阴影检测及影像地物提取等应用大有裨益。值得注意的是，所提方法不能处理尺度变化，因而通常需要利用标定得到的粗略相对关系参数来预先统一影像对间的尺度与视角变化，但无需多次重复标定。

(a) 影像对1点云　　　　　　　　　　　　　　(b) 影像对2点云

图 7.2　带纹理三维点云

7.1.2　手绘图上色

随着传感器的多元化及应用的多样性，往往需要融合不同传感器的优势信息，最终达到对场景更为精确可靠的描述。例如，SAR 与可见光遥感影像融合。由于 SAR 影像是主动式微波遥感影像，能穿透树木及浅表土壤，可以识别伪装。并且，

SAR 传感器是全天候作业,不受天气及光照影响,能够穿透云雾。光学遥感影像的地物光谱信息丰富,但是受天气及光照影响较大。因此,通过信息融合能够获取更好的地物特征属性与更精确的地物位置,提升地物的可识别性。影像配准则是影像融合的关键性预处理步骤,然而,不同传感器的成像机理可能差异性较大,所采集的影像对相同地物的表达也各不相同,造成了影像之间的大辐射差异现象。本书的多模态特征匹配算法几乎是为此类影像融合应用而专门设计。在本小节中,并未选取 SAR 与光学影像融合、红外与光学影像融合等作为应用实例,而是选取了更加有趣的手绘图上色作为实例。

1. 实验数据

本应用实例的实验数据如图 7.3 所示,其中,图 7.3(a)是由假彩色航空影像与手绘标签图构成的影像对,从 ISPRS 的语义标签比赛数据集 Vaihingen 中选取得到,GSD 为 0.08 m,影像大小为 450×600 像素;图 7.3(b)是由近景彩色影像与影像分割图构成的影像对,影像大小为 2 272×1 704 像素。手绘标签图与影像分割图均为黑白图像,其中,手绘标签图的不同灰度代表不同地物类别,影像分割图的不同灰度代表不同分割区域。

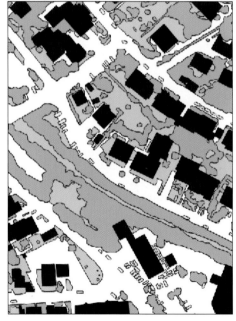

(a)影像对1

（b）影像对2

图 7.3 手绘图上色实例数据

2. 实验设计与结果

与点云纹理映射实例一致，首先提取匹配点对并剔除粗差点，计算影像对之间的仿射变换；然后，利用所得几何变换参数将参考影像与待匹配影像严格配准，并裁剪重叠区域；最后，通过 IHS（Vivone et al.，2015）融合方法将手绘图与彩色光学影像融合，实现手绘图上色效果。

图 7.4 给出了上述两幅手绘图的上色结果，可以看到，手绘图色彩与原始彩色影像大致相同，说明了影像配准精度很好。相比于黑白手绘图，彩色手绘图更加逼真、可视性更佳；相比于原始光学影像，彩色手绘图更加简洁明了，可读性更强。尽管该实例不具有较大的应用潜力，但是，通过该有趣实验亦能说明所提算法的可靠性。

（a）影像对1 （b）影像对2

图 7.4 手绘图上色效果

7.2　抗几何畸变特征匹配应用实例

第 4 章节提出了一种基于支持线投票和仿射不变比率的特征匹配算法，该算法同时考虑了影像对之间的光度及几何约束。所提方法不仅适用于刚性形变影像（如卫星影像、航空影像等），还适用于非刚性形变影像（如倾斜影像）。此外，该特征匹配方法还衍生出格网仿射变换模型，适用于近景影像的拼接问题。因而，本节将利用影像三维建模和近景影像拼接两个应用实例来检验所提算法。

7.2.1　影像三维重建

1. 实验数据

本实验选取两组数据进行验证，实验数据由搭载在低空有人飞机上的倾斜相机系统获取得到，该倾斜相机系统由 13 个 SONY ILCE-7R 数码相机组成，包含有 1 个中心相机和 12 个倾斜摄影相机。数据集 1 与数据集 2 的采集地点均为河北石家庄上空，飞行高度在 300 m 左右，影像空间分辨率为 5 cm 左右。其中，数据集 1 由中心相机获取得到，共包含 20 幅大小为 7 360×4 912 像素的航空数字影像，影像缩略图如图 7.5（a）所示；数据集 2 由 12 个倾斜相机分别在 5 个摄站中心处获取得到，共包含 60 幅大小为 4 912×7 360 像素的倾斜数字影像，影像缩略图如图 7.5（b）所示。

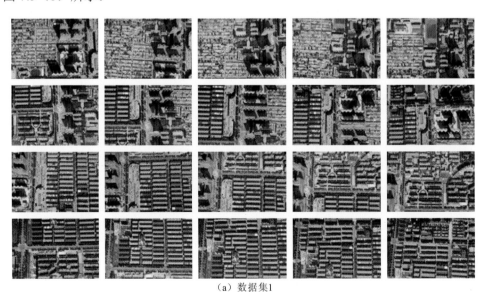

（a）数据集1

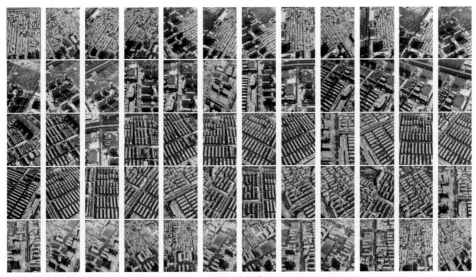

（b）数据集2

图 7.5　影像三维重建实验数据缩略图

2. 实验设计与结果

将所提特征匹配算法集成入摄影测量处理系统中，该系统基于开源库 openMVG（http：//openmvg.readthedocs.io/en/latest/）开发，包含有影像匹配、光束法平差、密集匹配及表面重建等功能，其中影像匹配和光束法平差两步可以合称为运动结构恢复（structure-from-motion，SFM）。以上述数据集作为系统输入，对每个数据集合，首先采用所提特征匹配方法提取匹配点对并进行光束法平差，得到匹配点对的自由网三维空间坐标及相机位置与姿态参数（即 SFM 结果，图 7.6（b）和图 7.7（b））；然后，利用相机位置与姿态参数获取核线影像对并进行逐像素密集匹配，得到密集点云，如图 7.6（c）和图 7.7（c）所示；最后，利用泊松重建方法将密集点云转换成表面模型并进行纹理贴图，得到所摄区域的数字表面模型（DSM）（图 7.6（d）和图 7.7（d））。为了与目前最常用的匹配方法对比，还利用著名的 SFM 开源软件 visualSFM（http：//ccwu.me/vsfm/）进行实验，visualSFM 采用标准的 SIFT 算法提取匹配点，并利用 RANSAC 方法剔除错误匹配对，实验结果如图 7.6（a）和图 7.7（a）所示。

对比 visualSFM 实验结果与所提方法的实验结果，可以看到，所提特征匹配算法的正确匹配对个数远远大于标准 SIFT 算法，即所提算法构建的稀疏三维重建比 visualSFM 的更加精细。visualSFM 在数据集 1 和数据集 2 上的稀疏点云数目分别为 1.3 万和 4.2 万；反观本书方法，其在数据集 1 和数据集 2 上的稀疏点

（a）visualSFM结果

（b）所提方法结果

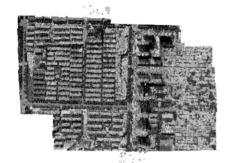

（c）密集匹配结果

（d）DSM

图 7.6　数据集 1 实验结果

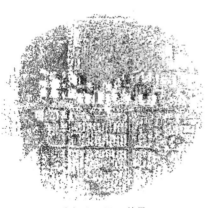

（a）visualSFM结果

（b）所提方法结果

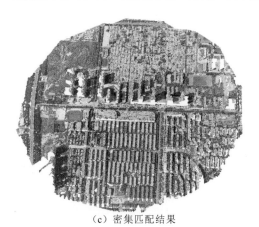 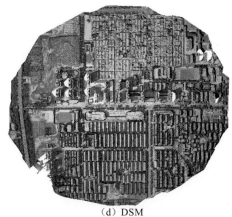

（c）密集匹配结果　　　　　　　　　　　　　　　（d）DSM

图 7.7　数据集 2 实验结果

云数目分别为 7.5 万和 17.9 万。相比于 SIFT 算法，本书方法在正确匹配点对上分别取得了大约 4 倍和 3.1 倍的提升。visualSFM 的稀疏重建结果基本只包含有地面点及低矮建筑物点，高大建筑物顶面、侧面及纹理重复区域（如数据集 2 中的运动场）均没有匹配点；反观本书方法，则能较好地弥补标准 SIFT 算法缺陷，在高大建筑物顶面、侧面及纹理重复区域均能得到大量的匹配点对，真正实现倾斜影像的特征匹配。实际上，直接利用所提方法的稀疏三维重建结果进行三角网构建得到表面模型，然后进行纹理贴图，也可以得到比较不错的 DSM。图 7.6 和图 7.7 还分别给出了两个数据集的密集匹配三维点云及 DSM 结果，可以看到，密集点云的完整度和准确度均非常好，几乎没有噪点，所摄地物的空间形状、拓扑关系均与目视一致。所构建的 DSM 更是逼真，其效果不亚于无人机机载激光扫描结果。由于实验区域并未布设控制点，本实验没有进行绝对精度评定。但是，密集匹配三维点云及 DSM 结果均能表明所提方法精度较高。

7.2.2　近景影像拼接

影像拼接与配准是摄影测量与遥感的一个关键技术，已广泛应用于影像融合、影像镶嵌、变化检测，以及全景图制作中。传统影像拼接方法通常依赖于先验假设信息。它们假设所摄场景为近似平面场景或者相机运动为纯旋转运动，并利用仿射变换或者单应变换来描述影像间的几何关系。对于航空或者卫星遥感影像，由于所摄场景远离摄站点位置，近似平面场景假设基本成立。然而，随着近年来近景影像应用的增加，比如街景影像，通常需要利用影像拼接技术来获取更大视场角的全景图。一般而言，近景影像的所摄场景深度变化较大，无法利用平面近似，相机运动也可能存在平移变换，因而与上述先验假设相矛盾。若直接应用仿射变换或者单应变换进行拼接，将会产生严重的重影现象。针对该问题，第4章提出了格网仿射模型，该模型无需任何先验假设，能够有效减少影像重影现象，大大减小了后处理工作量。

1. 实验数据

本应用实例的测试数据如图 7.8 所示，共包含 3 个影像对，均为近景影像。其中，图 7.8（a）的影像内容为独栋建筑物场景，影像大小为 2 272×1 704 像素，影像中存在多个近似平面地物，比如墙面、地面及远处树木等；图 7.8（b）的影像内容为火车站轨道场景，影像大小为 2 000×1 500 像素，影像中存在两个近似平面地物，即轨道地面与远处施工建筑；图 7.8（c）的影像内容为寺庙外场景，影像大小为 730×487 像素，影像中也存在两个近似平面地物，即地面与远处建筑。这三个影像对的物方场景均不满足一个平面假设，并且影像间不是纯旋转运动，因而传统方法难以适用。

（a）影像对1

（b）影像对2

（c）影像对3

图 7.8　近景影像拼接实验数据

2. 实验设计与结果

利用所提特征匹配方法得到每个影像对间的格网仿射变换模型，通过该模型将待匹配影像投影至参考影像中，并对重叠区域像素值进行简单的加权平均，得到拼接后影像。将所提方法与全局仿射变换模型方法以及两种商业软件 Autopano giga 和 Autostitch（http://matthewalunbrown.com/autostitch/autostitch.html）进行对比，除 Autostitch 外，其他三种方法没有任何额外的消除重影后处理操作。因此，拼接后影像重影现象越少，说明配准效果越好，即说明用于配准的模型越好。实验结果分别展示于图 7.9～图 7.11 中。

（a）全局仿射变换结果　　　　　　　　（b）Autopano giga结果

（c）Autostitch结果　　　　　　　　　　　　（d）格网仿射变换结果

图 7.9　影像对 1 实验结果对比

图中每个子图的第一行为拼接效果图，第二行为图中红绿方框放大效果图

（a）全局仿射变换结果　　　　　　　　　　　（b）Autopano giga结果

（c）Autostitch结果 （d）格网仿射变换结果

图 7.10 影像对 2 实验结果对比

图中每个子图的第一行为拼接效果图，第二行为图中红绿方框放大效果图

（a）全局仿射变换结果 （b）Autopano giga结果

（c）Autostitch结果　　　　　　　　　（d）格网仿射变换结果

图 7.11　影像对 1 实验结果对比

图中每个子图的第一行为拼接效果图，第二行为图中红绿方框放大效果图

在图 7.9 中，全局仿射变换模型认为所摄建筑物满足近似平面场景假设，实际上，该影像中包含有多个不同平面场景，从而势必导致了拼接效果不佳。从图 7.9（a）中可以看到大量的重影现象，比如红色方框中的烟囱及绿色方框内的墙面边线等。Autopano giga 与 Autostitch 在拼接过程中自动选取几何模型，软件内包含有柱面、平面及球面等多种模型。在图 7.9（b）和图 7.9（c）中，建筑物呈现非刚性扭曲，正是由非平面模型所造成。尽管 Autopano giga 与 Autostitch 的墙面边线比全局仿射变换模型稍好，这两种方法仍然会造成严重的重影现象。反观所提格网仿射模型，则能大大减小重影现象，经过后处理可以实现视觉完美拼接。图 7.9（d）中烟囱重合情况良好，仅在边缘处存在微弱重影；并且，墙面边线轮廓清晰，无肉眼可见重影。

图 7.10 中，全局仿射变换模型效果最差，塔吊和铁道均存在严重重影现象；Autopano giga 与 Autostitch 则相对较好，其塔吊拼接仅存在微弱重影，但是，其铁道依然十分错乱；反观所提算法，塔吊与铁道均与原始影像一致，拼接效果远优于其他对比方法。再看图 7.11，全局仿射变换模型与 Autopano giga 的拼接结果中，地面线条严重错乱[图 7.11（a）和 7.11（b）的红色方框区域]，屋顶出现错位现象[图 7.11（a）和 7.11（b）的绿色方框区域]；Autostitch 的屋顶与地面线条拼接效果较好，但是其地面纹路拼接错位[图 7.11（c）的绿色方框区域]；所提算法则无任何可见重影现象。所有实验结果均表明：所提格网仿射变换模型不依赖

于平面场景或者纯旋转假设，非常适用于近景影像的拼接问题，明显优于全局仿射变换等几何模型。

7.3　加权 l_q 估计子应用实例

第 5 章提出了基于 l_q（$0<q<1$）估计子及带尺度因子的 Geman-McClure 加权 l_q 估计算子粗差剔除模型。所提模型能够可靠处理多达 80%的粗差点，明显优于经典 RANSAC 类方法和选权迭代法；并且所提方法的模型估计精度也比普通等权最小二乘方法高。在摄影测量和遥感领域的许多应用中起着重要的作用，比如错误匹配点剔除、相机外定向、绝对定向及光束法平差等。本节将利用 RGBD 室内三维重建与点云自动拼接两个应用实例来说明所提算法的重要性。

7.3.1　RGBD 室内三维重建

车载移动测量系统由于其高定位精度、高扫描分辨率、远测程、高自动化程度、受天气影响小等特点，被广泛应用于地形测绘、三维重建及轨道灾害监测等任务中。由 GPS 和 IMU 组成的组合导航系统（POS）是车载移动测量系统的核心部件，其作用是实时获取传感器的位置与姿态参数，从而将局部激光点云纳入统一坐标系中，是真实重现三维环境的关键。然而，在室内环境中，GPS 信号较差容易失锁，进而造成 POS 系统瘫痪，通常采用 SLAM 技术来实现室内环境的载体自定位。SLAM 技术通常包含两大步骤，即 SLAM 前端和 SLAM 后端。SLAM 前端一般通过估计相邻传感器观测值（如影像）间的相对运动来递推载体的运动轨迹（与摄影测量中的连续相对定向十分类似）；SLAM 后端则是通过全局优化来减弱累积误差。本书所提加权 l_q 估计子能够精确地估计观测值间的几何模型，因而，采用所提方法进行 SLAM 前端处理能够确保和加速 SLAM 后端优化的收敛。

1. 实验数据

从 ICL-NUIM 数据集中选取两个 RGBD 数据集进行室内三维重建（https://www.doc.ic.ac.uk/~ahanda/VaFRIC/iclnuim.html）。其中，数据集 1 所摄场景为办公室，共包含 967 幅 RGB 影像及其对应的深度图（图 7.12 为部分 RGB 影像及其对应深度图示例）；数据集 2 所摄场景为卧室，共包含 882 幅 RGB 影像及其对应的深度图。RGB 影像与其对应的深度图已经预先严格配准，所有影像大小均为 640×480 像素。两个数据集均是由手持 RGBD 相机在室内连续运动获取得到，相机帧率为

30Hz，并且相机内参数已知。ICL-NUIM 数据集网站还提供了每个数据集的真实运动轨迹（ground truth）用于算法定量评价。

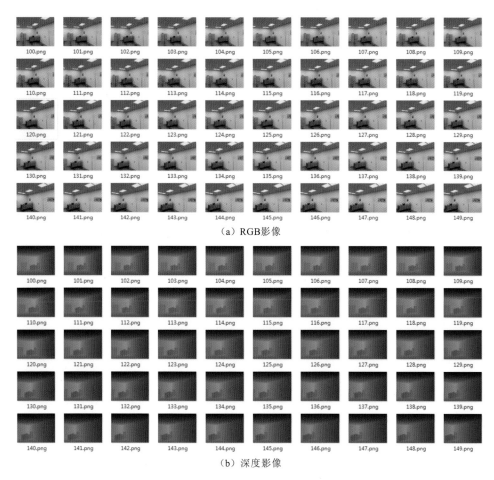

（a）RGB影像

（b）深度影像

图 7.12　RGBD 数据集 1 部分影像示例

2. 实验设计与结果

对每个数据集进行 SLAM 前端处理，恢复相机的运动轨迹与姿态。具体而言，对数据集内每一相邻两张影像，利用 SIFT 算法匹配得到同名点对，并利用基于加权 l_q 估计子的 RFM 算法剔除错误点。然后，根据相机内参数和深度图将二维匹配点对投影成真实尺度的三维同名点，并采用基于加权 l_q 估计子的 RAO 算法估计该相邻影像之间的相对旋转与平移参数。以第一幅影像作为参考，其坐标系为全局坐标系，原点设为 0，根据相邻影像间的相对旋转与平移参数，依次递推出每幅影像在全局坐标系中的位置与姿态，得到相机的运动轨迹。本实验中，由于数据集中相邻影像运动量非常小，因此，为了减少不必要的计算量，将数据集中每间隔 5 张影像的两幅影像作为 SLAM 前端的相邻影像对。得到每幅影像的全局位置与姿态后，结合相机内参数，将 RGBD 影像转换成带纹理的三维点云数据，并纳入统一全局坐标系，实现室内场景的精细三维重建。为了显示所提加权 l_q 估计子的优越性，与传统 SLAM 前端方法进行对比。传统 SLAM 前端与上述步骤的区别在于其采用 RANSAC 算法剔除错误匹配点并利用最小二乘方法估计三维同名点对间的相对旋转与平移参数。

图 7.13 显示了运动轨迹的俯视图对比结果，其中，绿色轨迹为真实运动轨迹，红色轨迹为基于加权 l_q 估计子的 SLAM 前端结果，蓝色轨迹为传统 SLAM 前端结果。可以看到，在数据集 1 对比结果中，加权 l_q 估计子 SLAM 前端轨迹几乎与真实轨迹重合，说明了所提方法具有很高的模型估计精度；反观传统方法，其轨迹与真实轨迹相差较远，模型估计精度明显低于所提方法。数据集 2 相比数据集 1 更加复杂，使得 SLAM 过程更加困难，因而，所提方法估计得到的运动轨迹与真实轨迹存在一定偏差，但是依然比传统方法更优，偏差更小。传统方法的误差累积现象严重，轨迹尾端与真实轨迹偏差最大；所提方法的误差累积则明显小于传统方法，更加有利于 SLAM 后端优化。

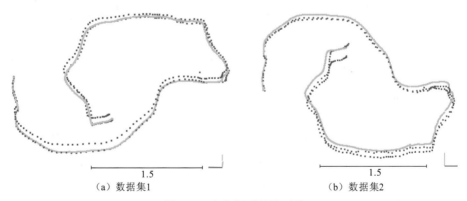

$$
\begin{array}{cc}
\underbrace{\hspace{3cm}}_{1.5} & \underbrace{\hspace{3cm}}_{1.5}
\end{array}
$$

（a）数据集1 （b）数据集2

图 7.13 相机运动轨迹对比

图 7.14 和图 7.15 分别显示了办公室数据集和卧室数据集的室内三维重建俯视图。其中，办公室大小为 7 m×5 m×2.4 m，重建结果点云数量为 1.1 千万；卧室大小为 5 m×5 m×2.7 m，重建结果点云数量为 1 千万。由图 7.14 可以看出，所提方法的室内重建形状为标准的矩形，墙面不存在偏倚、叠层及错位现象。并且室内物品（比如桌子、电脑及文件等）形状完好，人眼能够清楚识别。理论上，室内完美重建结果的墙面厚度为 0，然而，由于传感器测距误差及位置姿态估计

误差，使得墙面呈现一定的厚度。一般而言，相同传感器下，重建的墙面厚度越小表明位置姿态估计误差越小；反之，墙面厚度越大则表明位置姿态估计结果越差。经统计，图 7.14（b）重建结果中墙面厚度平均值小于 2 cm，最大值约为 3 cm，说明了所提 SLAM 前端的定位定姿精度很高。反观传统 SLAM 前端方法，其室内重建形状存在扭曲变形，墙面出现偏倚以及错位现象，尤其是图中右下角部分。图 7.14（a）中墙面厚度平均值大于 6 cm，最大值约为 40 cm，定位定姿精度较低。再看图 7.15，基本能得出与图 7.14 一致的结论。所提方法的重建结果依然比较完好，卧室为标准方形，墙面同样精细，不存在错位分层现象，其墙面厚度平均值小于约为 3 cm，最大值约为 4 cm；传统方法效果较差，墙面存在严重分层现象，平均厚度较大，约为 9 cm，最大厚度约为 30 cm。

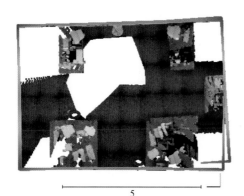 

（a）传统SLAM前端重建结果　　　　　　　（b）所提SLAM前端重建结果

图 7.14　数据集 1 实验结果

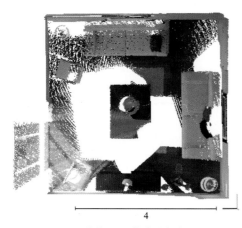 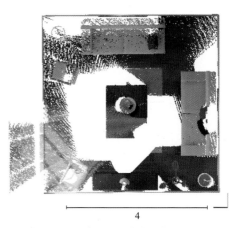

（a）传统SLAM前端重建结果　　　　　　　（b）所提SLAM前端重建结果

图 7.15　数据集 2 实验结果

本实验采用估计轨迹点与其真实轨迹点的 RMSE 平均值作为定量平均标准，表 7.1 分别给出了三维空间坐标分量的 RMSE 平均值（RMSE_X，RMSE_Y，RMSE_Z）。可知，在数据集 1 上，所提方法的平均 RMSE 均小于 3 cm，X 和 Y 坐标分量的 RMSE 更是优于 1.5 cm；而传统方法的 X 和 Z 坐标分量平均 RMSE 均大于 8 cm。在数据集 2 上，所提方法精度稍差，平均 RMSE 在 3.5 cm 左右；但是，仍然大大优于传统方法的 9 cm 左右精度。说明了所提 l_q 估计子比传统的 RANSAC＋最小二乘方法更加鲁棒和精确。

表 7.1　轨迹误差对比

方法	数据集 1			数据集 2		
	RMSE_X	RMSE_Y	RMSE_Z	$RMSE_X$	RMSE_Y	RMSE_Z
所提 SLAM 前端	0.015	0.010	0.028	0.044	0.035	0.030
传统 SLAM 前端	0.085	0.033	0.095	0.106	0.082	0.091

7.3.2　点云拼接

地面三维激光扫描仪也是测绘领域一种重要的数据获取手段，与移动测量系统不同，其作业方式为单站扫描。然而，由于遮挡、测距范围等因素，单站扫描难以获取物体的完整三维信息，需要多次架站扫描来消除视角盲点。一般而言，单站三维点云数据拥有各自的局部坐标系，并且各个局部坐标系之间关联未知，因此，在作业方式上，相邻单站三维点云数据之间需具有重叠区域，并通过点云拼接算法来实现坐标系的统一。ICP 算法是点云拼接中最常用方法，其缺点是需要已知模型参数良好初值。本实例将所提基于 l_q 估计子的 RAO 算法应用于点云拼接中，克服了经典 ICP 算法缺陷。

1. 实验数据

实验数据选取自斯坦福大学公开点云数据集合（http：//graphics.stanford.edu/data/3Dscanrep/），其中，第一对点云数据由兔子（bunny）数据集中的第一帧与第五帧构成；第二对数据由兔子（bunny）数据集中的第 10 帧与第 45 帧构成；第三对数据由浣熊（coati）数据集中的第 1 帧与第 8 帧构成。如图 7.16 所示，第一对中两个点云的位置与姿态比较接近，第二和第三对的位置与姿态则相差较大。

（a）点云对1　　　　　　（b）点云对2　　　　　　（c）点云对3

图 7.16　点云拼接实验数据

2. 实验设计与结果

对于每个点云对，首先利用 3D-SIFT 提取点云中的 3 维特征点集合，并利用快速特征点直方图描述子（fast point feature histogram，FPFH）进行点云特征描述，根据描述子向量匹配得到初始同名点对；然后，利用基于 l_q 估计子的 RAO 算法估计两个点云直接的旋转与平移参数，并根据所得参数将两个点云统一到相同坐标系下，从而实现点云配准。实验选取经典 ICP 算法进行对比，其模型参数初值均设为 0。实验结果如图 7.17～图 7.19 所示。

由图 7.17 结果可知，当两个点云拥有较为相近的位置与姿态时，所提方法与 ICP 算法均能够配准成功。图中橙色与蓝色兔子融为一体，没有出现分层现象，所提方法与 ICP 算法的配准误差分别为 5 mm 和 3 mm。再看图 7.18 和图 7.19，

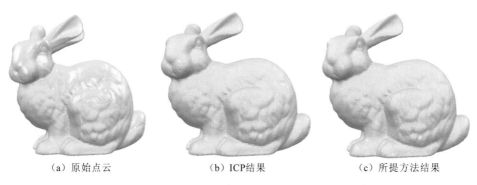

（a）原始点云　　　　　　（b）ICP结果　　　　　　（c）所提方法结果

图 7.17　点云对 1 拼接结果

（a）原始点云　　　　　　　（b）ICP结果　　　　　　　（c）所提方法结果

图 7.18　点云对 2 拼接结果

（a）原始点云　　　　　　　（b）ICP结果　　　　　　　（c）所提方法结果

图 7.19　点云对 3 拼接结果

由于两个点云的位置与姿态差别较大，ICP 算法的模型参数初值较差，因而点云配准失败；反观所提算法，兔子及浣熊均能较好配准，其配准误差分别为 14 mm和 3 mm。由此可见，ICP 算法对模型参数良好初值比较敏感，而所提方法不需要初始值，在实用性上优于 ICP 算法。由图 7.17 的配准误差可知，所提算法精度比 ICP 方法稍低，因而，可以将所提算法结果作为 ICP 算法初值来进一步提升配准精度。

7.4 本 章 小 结

　　本章通过 6 个应用实例来验证第 3～5 章所提的一系列算法，旨在加深读者对所提算法细节与应用前景的理解。具体而言，通过点云纹理映射及手绘图上色实例说明了辐射不变特征匹配在异源影像信息融合中的作用；通过影像三维重建与近景影像拼接实例表明了抗几何畸变特征匹配的重要性；通过室内三维重建与点云拼接实例展现了所提加权 l_q 估计子在鲁棒性模型估计中的优越性。

第 8 章　总结与展望

近年来，随着传感器与信息技术的飞速发展，遥感技术已经被广泛应用于农业、林业及地质勘探等各个领域，不仅带动了地区经济发展，还极大地提升了国民生活水平。尤其在重大灾害应急中，遥感技术能够快速大范围地获取灾区高分辨率影像与三维模型，为救灾抢险、移民安置等提供决策支持。而稳定可靠的影像匹配方法正是生成大范围全景影像与三维模型的核心技术，具有重要的理论意义和实践价值。

遥感影像特征匹配依然存在很多基础问题有待解决。具体包含如下三个关键性问题。

（1）大辐射差异。随着传感器多样化与专用化，通常需要融合不同传感器的优势信息，以达到对场景更为精确可靠的描述。然而，不同传感器的成像机理可能差异性较大，所采集的影像对相同地物的表达也各不相同，这就造成了影像匹配对之间的大辐射差异现象，尤其是非线性辐射差异（多模态影像）。传统经典特征匹配方法通常利用灰度信息或者梯度信息进行特征检测与特征描述，对非线性辐射差异非常敏感。

（2）大几何畸变。随着遥感技术的民用化，街景数据及无人机数据愈发普及。街景数据通常为球面全景成像，该投影方式自身就会引入严重的几何畸变；轻小型无人机易受风力影响，飞行航线容易扭曲，造成影像间存在大视角变化及地物遮挡现象，从而引入几何畸变。此外，非刚性形变问题也不容忽视。

（3）粗差剔除。影像间的辐射差异和几何畸变不可避免地会造成错误匹配现象，给观测值带来粗差。这些粗差点将严重影响后续的几何模型估计及影像位置与姿态解算等的精度。然而，选权迭代法理论上只能处理不高于50%的粗差点，并且合适的权函数难以选择；RANSAC方法仅用最小集来估计模型参数，对噪声比较敏感，此外，当粗差比例过高时，RANSAC算法很可能失败。

本书正是从这三个方面展开研究，提出了针对各个问题的新算法，并将其应用于多模态影像匹配、大几何畸变影像配准以及高粗差比例点集匹配等问题。

8.1 本书总结

本书主要研究工作总结如下。

(1)针对传统特征匹配算法如 SIFT 算法对非线性辐射差异十分敏感的问题,提出了一种基于最大值索引图的辐射不变特征匹配方法。首先,在充分分析了相位一致性优点的基础上,采用相位一致性图层替代灰度图像进行特征点检测。并将角点特征与边缘点特征相结合,同时考虑了特征点数目与重复性。然后,在特征描述阶段,本书提出了最大值索引图来替代梯度图进行特征向量构建。最大值索引图由 log-Gabor 卷积序列构建得到,对非线性辐射畸变具有很好的鲁棒性。最后,通过实验揭示了旋转对最大值索引图数值的本质影响,从而实现了算法的旋转不变性。实验结果表明:所提算法对非线性辐射差异具有非常好的抗性,并基本不受辐射畸变类型的影响,能同时适用于多种类型的多模态影像数据,匹配性能远远优于目前经典及流行的特征匹配方法。

(2)为了解决大畸变及非刚性形变影像的匹配问题,本书提出了一种基于支持线投票和仿射不变比率的鲁棒性特征匹配方法。该方法能同时适用于刚性形变影像(如卫星、航空影像等)及非刚性形变影像(如鱼眼、全景影像等)。首先,提出了支持线投票策略,将点匹配问题转化为线匹配问题,利用投票约束过滤匹配点对。在该步骤中,本书构建了 AB-SLT 描述子,该描述子对局部几何畸变较为鲁棒。其次,引入了仿射不变比率约束来进一步提纯匹配点集并估计局部仿射变换。在该阶段,所有匹配点对都会被多次定量验证,因而进一步提升了所提方法的鲁棒性。最后,构建了格网仿射变换模型,并将该模型应用于近景影像或者带畸变影像的配准问题,该模型能够有效减轻重影现象。实验结果表明:所提方法对大几何畸变具有很好的抗性,在刚性形变影像及非刚性形变影像上均取得了很好的效果,匹配性能明显优于 VFC、LLT、RANSAC、USAC、PGM+RRWM 和 ACC 等对比方法。

(3)针对选权迭代法和 RANSAC 类方法对粗差比例或者噪声敏感的缺点,引入了 l_q($0<q<1$)估计子来构建粗差剔除模型。本书将该粗差模型具体化到影像特征匹配问题中,给出了 l_q 估计子代价函数。针对该非凸非光滑代价函数,首先引入辅助变量并写出扩展拉格朗日方程形式;然后,采用 ADMM 方法将其分解为两大子问题,每一子问题仅包含有一类未知变量。其中,子问题 1 为 l_qLS 问题,采用 l_qCD 方法求取其坐标级最优解;子问题 2 为线性最小二乘问题,采用法方程求解。子问题 1 与子问题 2 交替迭代求解,直至收敛。实验结果表明:l_q($0<q<1$)估计子能够可靠地处理高达 80%的粗差点,其运行效率远远高于

RANSAC 类方法。

（4）参数敏感性分析实验结果显示了 l_q 估计子对参数十分敏感的缺陷。因而，进一步提出了采用带尺度因子的 Geman-McClure 加权 l_q（$0<q<1$）估计子粗差剔除模型。与 l_q 估计子一致，采用 ADMM 方法优化求解。其中，子问题 1 与 l_q 估计子基本一样；子问题 2 为加权最小二乘问题。针对子问题 2，本书提出了由粗到精的迭代加权最小二乘策略，该策略能有效减小优化过程收敛于局部最优解的可能性。除了将加权 l_q 估计子应用于影像特征匹配任务中，本书还将其推广到相机外定向和绝对定向任务中，分别提出了 RCEO 和 RAO 算法，说明了所提加权 l_q 估计子是一个通用粗差剔除模型。实验结果表明：加权 l_q 估计子对参数变化非常稳定，并且对粗差比例更加鲁棒，可以稳定地处理高达 90% 的粗差点，极大地增加了该方法的实用价值。

8.2　研究展望

本书研究了鲁棒性影像特征匹配的三大关键性问题，针对大辐射畸变、大几何畸变和高粗差比例，提出了一系列改进算法，取得了较优的匹配性能，比经典方法更加有效、普适与鲁棒。但是，所提算法仍然存在缺陷亟待解决，下一步主要工作内容如下。

（1）在辐射不变特征匹配算法中，本书采用梯度信息计算特征主方向，该方法可能对非线性辐射较为敏感，需要寻求更优的主方向计算法，比如基于深度学习的计算方法。其次，所提算法不具有尺度不变性，为进一步增强其实用性，下一步将引入高斯尺度空间构建步骤。

（2）在抗几何畸变特征匹配算法中，构建的 AB-SLT 描述子维度较高，致使算法复杂度较高，因此，需要研究降维处理（如 PCA 降维）或二进制描述子。其次，所构建的格网仿射变换模型可能在加权全局仿射变换与局部仿射变换过渡区域不够平滑，从而引起重影现象。因此，可以考虑更好的全局模型（如样条模型）来取代加权全局仿射模型。

（3）本书仅仅研究了一对观测值集合的粗差剔除问题，下一步将进一步扩展至多对观测值集合联合平差的粗差剔除，并应用于光束法平差及多站点云拼接中。

参 考 文 献

戴激光, 宋伟东, 李玉, 2014. 渐进式异源光学卫星影像 SIFT 匹配方法[J]. 测绘学报, 43(7): 746-752.

火元莲, 齐永锋, 宋海声, 2008. 基于轮廓特征点最大互信息的多模态医学图像配准[J]. 激光与红外(1): 96-98.

李明, 李德仁, 范登科, 等, 2015. 利用 PC-SIFT 的多源光学卫星影像自动配准方法[J]. 武汉大学学报(信息科学版), 40(1): 64-70.

李德仁, 2000. 摄影测量与遥感的现状及发展趋势[J]. 武汉大学学报(信息科学版), 25(1): 1-6.

李德仁, 李明, 2014. 无人机遥感系统的研究进展与应用前景[J]. 武汉大学学报(信息科学版), 39(5): 505-513.

李登高, 秦开怀, 2006. 基于随机轮廓匹配的快速图像配准算法[J]. 清华大学学报(自然科学版), 46(1): 111-114.

林卉, 梁亮, 杜培军, 等, 2012. 利用 Fourier-Mellin 变换的遥感图像自动配准[J]. 武汉大学学报(信息科学版), 37(6): 649-652.

孙家柄, 2009. 遥感原理与应用[M]. 2 版. 武汉: 武汉大学出版社.

宋伟东, 王伟玺, 2011. 遥感影像几何纠正与三维重建[M]. 北京: 测绘出版社.

王桥, 吴传庆, 厉青, 2010. 环境一号卫星及其在环境监测中的应用[J]. 遥感学报(1): 104-121.

尤淑撑, 孙毅, 李小文, 2005. 成像光谱技术在土地利用动态遥感监测中的应用研究[J]. 遥感信息(3): 31-33.

袁修孝, 李德仁, 2005. 误差处理与可靠性理论[M]. 武汉: 武汉大学出版社.

张剑清, 潘励, 王树根, 2009. 摄影测量学[M]. 2 版.武汉: 武汉大学出版社.

钟家强, 王润生, 2006. 基于互信息相似性度量的多时相遥感图像配准[J]. 宇航学报, 27(4): 690-694.

周学珍, 2013. 遥感技术在矿山地质灾害监测中的应用: 以陕西神府煤矿区为例[J]. 能源环境保护(1): 52-55.

ABDEL-HAKIM A E, FARAG A A, 2006. CSIFT: A SIFT descriptor with color invariant characteristics[C]// IEEE Conference on Computer Vision and Pattern Recognition(CVPR), New York, USA, 2: 1978-1983.

AGRAWAL M, KONOLIGE K, BLAS M R, 2008. Censure: Center surround extremas for realtime feature detection and matching[C]// European Conference on Computer Vision (ECCV), Marseille,

France: 102-115.

AKINLAR C, TOPAL C, 2011. EDLines: A real-time line segment detector with a false detection control[J]. Pattern Recognition Letters, 32(13): 1633-1642.

ALAHI A, ORTIZ R, VANDERGHEYNST P, 2012. Freak: Fast retina keypoint[C]// IEEE Conference on Computer Vision and Pattern Recognition (CVPR). Rhode Island, USA: 510-517.

ALTHOF R J, WIND M G J, DOBBINS J T, 1997. A rapid and automatic image registration algorithm with subpixel accuracy[J]. IEEE Transactions on Medical Imaging, 16(3): 308-316.

BARAZZETTI L, REMONDINO F, SCAIONI M, 2010a. Automation in 3D reconstruction: Results on different kinds of close-range blocks[M]. ISPRS Commission V Mid-Term Symposium 'Close Range Image Measurement Techniques', Newcastle upon Tyne, UK.

BARAZZETTI L, REMONDINO F, SCAIONI M, et al., 2010b. Fully automatic UAV image-based sensor orientation[J]. The International Archives of the Photogrammetry, Remote Sensing and Spatial Information Sciences, 38(Part 1):6.

BARAZZETTI L, SCAIONI M, REMONDINO F, 2010c. Orientation and 3D modelling from markerless terrestrial images: Combining accuracy with automation. The Photogrammetric Record[J]. 25(132): 356-381.

BARNEA D I, SILVERMAN H F, 1972. A class of algorithms for fast digital image registration[J]. IEEE Transactions on Computers, 100(2): 179-186.

BAUMBERG A, 2000. Reliable feature matching across widely separated views[C]// IEEE Conference on Computer Vision and Pattern Recognition (CVPR), South Carolina, USA, 1: 774-781.

BAY H, ESS A, TUYTELAARS T, et al., 2008. Speeded-up robust features (SURF)[J]. Computer Vision and Image Understanding, 110(3): 346-359.

BERTHILSSON R,1998. Affine correlation[C]// Proceedings of the International Conference on Pattern Recognition (ICPR), Brisbane, Australia: 1458-1461.

BESL P, MCKAY N, 1992. A method for registration of 3-d shapes[J]. IEEE Transactions on Pattern Analysis and Machine Intelligence, 14(2): 239-256.

BJORCK A,1996. Numerical methods for least squares problems[M]. Philadelphia: Society for Industrial and Applied Mathematics (SIAM).

BOYD S, PARIKH N, CHU E, et al., 2011. Distributed optimization and statistical learning via the alternating direction method of multipliers[J]. Foundations and Trends in Machine learning, 3(1): 1-122.

BRACEWELL R N, 1986. The Fourier transform and its applications[M]. New York: McGraw-Hill.

CALONDER M, LEPETIT V, OZUYSAL M, et al., 2012. BRIEF: Computing a local binary descriptor very fast[J]. IEEE Transactions on Pattern Analysis and Machine Intelligence, 34(7): 1281-1298.

CANNY J,1987. A computational approach to edge detection[M]. MARTIN A F, OSCAR F, eds. Readings in Computer Vision, Netherlands: Elsevier: 184-203.

CASTRO E D, MORANDI C, 1987. Registration of translated and rotated images using finite Fourier transforms[J]. IEEE Transactions on Pattern Analysis and Machine Intelligence(5): 700-703.

CHEN X, XU F, YE Y, 2010. Lower bound theory of nonzero entries in solutions of l2-lp minimization[J]. SIAM Journal on Scientific Computing, 32(5): 2832-2852.

CHEN B, SHU H, ZHANG H, et al., 2011. Combined invariants to similarity transformation and to blur using orthogonal Zernike moments[J]. IEEE Transactions on Image Processing, 20(2): 345-360.

CHENG L, GONG J, YANG X, et al., 2008. Robust affine invariant feature extraction for image matching[J]. IEEE Geoscience and Remote Sensing Letters, 5(2): 246-250.

CHIN T J, PURKAIT P, ERIKSSON A P, et al., 2015. Efficient globally optimal consensus maximisation with tree search[C]// IEEE Conference on Computer Vision and Pattern Recognition (CVPR), Boston, USA, 20: 59.

CHIN T J, SUTER D, 2017. The maximum consensus problem: recent algorithmic advances[J]. Synthesis Lectures on Computer Vision, 7(2): 1-194.

CHO M, LEE K M, 2012. Progressive graph matching: Making a move of graphs via probabilistic voting[C]// IEEE Conference on Computer Vision and Pattern Recognition (CVPR), Rhode Island, USA: 398-405.

CHO M, LEE J, LEE K M, 2009. Feature correspondence and deformable object matching via agglomerative correspondence clustering[C]// IEEE International Conference on Computer Vision (ICCV), Kyoto, Japan: 1280-1287.

CHO M, LEE J, LEE K M, 2010. Reweighted random walks for graph matching[C]//European Conference on Computer Vision (ECCV). Crete, Greece: 492-505.

CHO M, SUN J, DUCHENNE O, et al., 2014. Finding matches in a haystack: A max-pooling strategy for graph matching in the presence of outliers[C]// IEEE Conference on Computer Vision and Pattern Recognition (CVPR), Ohio, USA, 2083-2090.

CHOI J, MEDIONI G, 2009. Starsac: Stable random sample consensus for parameter estimation[C]// IEEE Conference on Computer Vision and Pattern Recognition (CVPR). Miami, USA: 675-682.

CHUM O, MATAS J, 2005. Matching with PROSAC-progressive sample consensus. IEEE Conference on Computer Vision and Pattern Recognition (CVPR). San Diego, USA, 1: 220-226.

CHUM O, MATAS J, KITTLER J, 2003. Locally optimized RANSAC[C]// Joint Pattern Recognition Symposium. Springer, Berlin, Heidelberg: 236-243.

DAWN S, SAXENA V, SHARMA B, 2010. Remote sensing image registration techniques: A survey[C]// International Conference on Image and Signal Processing. Berlin: Springer: 103-112.

DEBELLA-GILO M, KÄÄB A, 2011. Sub-pixel precision image matching for measuring surface displacements on mass movements using normalized cross-correlation[J]. Remote Sensing of Environment, 115(1): 130-142.

DELLINGER F, DELON J, GOUSSEAU Y, et al., 2015. SAR-SIFT: A SIFT-like algorithm for SAR images[J]. IEEE Transactions on Geoscience and Remote Sensing, 53(1): 453-466.

DU Y, BELCHER C, ZHOU Z, 2010. Scale invariant gabor descriptor-based noncooperative iris recognition[J]. EURASIP Journal on Advances in Signal Processing(1): 37-49.

DUCHENNE O, BACH F, KWEON I S, et al., 2011. A tensor-based algorithm for high-order graph matching[J]. IEEE Transactions on Pattern analysis And Machine Intelligence, 33(12): 2383-2395.

DUDA R O, HART P E, 1972. Use of the Hough transformation to detect lines and curves in pictures[J]. Communications of the ACM, 15(1): 11-15.

FAN B, WU F, HU Z, 2012. Robust line matching through line–point invariants[J]. Pattern Recognition, 45(2): 794-805.

FERRAZ L, BINEFA X, MORENO-NOGUER F, 2014. Very fast solution to the PnP problem with algebraic outlier rejection[C]//Proceedings of the IEEE Conference on Computer Vision and Pattern Recognition: 501-508.

FIELD D J, 1987. Relations between the statistics of natural images and the response properties of cortical cells[J]. JOSA A, 4(12): 2379-2394.

FISCHLER M A, BOLLES R C, 1981. Random sample consensus: A paradigm for model fitting with applications to image analysis and automated cartography[J]. Communications of the ACM, 24(6): 381-395.

FOGGIA P, PERCANNELLA G, VENTO M, 2014. Graph matching and learning in pattern recognition in the last 10 years[J]. International Journal of Pattern Recognition and Artificial Intelligence, 28(1): 1: 40.

FONSECA L M G, MANJUNATH B S, 1996. Registration techniques for multisensor remotely sensed imagery[J]. Photogrammetric Engineering & Remote Sensing, 62(9): 1049-1056.

FOROOSH H, ZERUBIA J B, BERTHOD M, 2002. Extension of phase correlation to subpixel registration[J]. IEEE Transactions on Image Processing, 11(3): 188-200.

FÖRSTNER W, 1986. A feature based correspondence algorithm for image matching[J]. International Archives of Photogrammetry and Remote Sensing, 26(3): 150-166.

FÖRSTNER W, GÜLCH E, 1987. A fast operator for detection and precise location of distinct points, corners and centres of circular features[C]// ISPRS Intercommission Conference on Fast Processing of Photogrammetric Data: 281-305.

FREEMAN W T, ADELSON E H, 1991. The design and use of steerable filters[J]. IEEE

Transactions on Pattern Analysis and Machine Intelligence, 13(9): 891-906.

GARRO V, CROSILLA F, FUSIELLO A, 2012. Solving the PnP problem with anisotropic orthogonal procrustes analysis[C]//2012 Second International Conference on 3D Imaging, Modeling, Processing, Visualization & Transmission. IEEE: 262-269.

GIOI R G V, JAKUBOWICZ J, MOREL J M, et al., 2010. LSD: A fast line segment detector with a false detection control[J]. IEEE Transactions on Pattern Analysis and Machine Intelligence, 32(4): 722-732.

GONG L, WANG H, PENG C, et al., 2017. Non-rigid MR-TRUS image registration for image-guided prostate biopsy using correlation ratio-based mutual information[J]. Biomedical Engineering Online, 16(1): 8.

GOSHTASBY A, STOCKMAN G C, PAGE C V, 1986. A region-based approach to digital image registration with subpixel accuracy[J]. IEEE Transactions on Geoscience and Remote Sensing(3): 390-399.

GRUEN A, 2012. Development and status of image matching in photogrammetry[J]. The Photogrammetric Record, 27(137): 36-57.

HAALA N, CRAMER M, WEIMER F, et al., 2011. Performance test on UAV-based photogrammetric data collection[M]. The International Conference on Unmanned Aerial Vehicle in Geomatics (UAV-g); Zurich, Switzerland.

HANAIZUMI H, FUJIMURA S, 1993. An automated method for registration of satellite remote sensing images[C]// Proceedings of the International Geoscience and Remote Sensing Symposium (IGARSS), Tokyo, Japan: 1348-1350.

HARRIS C, STEPHENS M,1988. A combined corner and edge detector[C]// Alvey vision conference, Manchester, UK, 15(50): 147-151.

HARTLEY R I, 1995. A linear method for reconstruction from lines and points[C]// IEEE International Conference on Computer Vision (ICCV), Massachusetts, USA: 882-887.

HARTLEY R, ZISSERMAN A, 2003. Multiple view geometry in computer vision[M]. Cambridge: Cambridge University Press.

HASSABALLAH M, ABDELMGEID A A, Alshazly H A, 2016. Image features detection, description and matching[M]// Image Feature Detectors and Descriptors. Springer, Cham: 11-45.

HEO Y S, LEE K M, LEE S U, 2011. Robust stereo matching using adaptive normalized cross-correlation[J]. IEEE Transactions on Pattern Analysis and Machine Intelligence, 33(4): 807-822.

HESCH J A, ROUMELIOTIS S I, 2011. A direct least-squares (DLS) method for PnP[C]//2011 International Conference on Computer Vision. IEEE: 383-390.

HUANG X, SUN Y, METAXAS D, et al., 2004. Hybrid image registration based on configural matching of scale-invariant salient region features[C]// IEEE Conference on Computer Vision and Pattern Recognition Workshop (CVPRW), Washington, USA: 167-167.

HURTÓS N, RIBAS D, CUFÍ X, et al., 2015. Fourier-based registration for robust forward-looking sonar mosaicing in low-visibility underwater environments[J]. Journal of Field Robotics, 32(1): 123-151.

KE Y, SUKTHANKAR R, 2004. PCA-SIFT: A more distinctive representation for local image descriptors[C]// IEEE Conference on Computer Vision and Pattern Recognition (CVPR), Washington, USA, 2: 506-513.

KITCHEN L, ROSENFELD A, 1982. Gray-level corner detection[J]. Pattern Recognition Letters, 1(2): 95-102.

KLEIN S, VAN DER HEIDE U A, LIPS I M, et al., 2008. Automatic segmentation of the prostate in 3D MR images by atlas matching using localized mutual information[J]. Medical Physics, 35(4): 1407-1417.

KOENDERINK J J, 1984. The structure of images[J]. Biological Cybernetics, 50(5): 363-370.

KORMAN S, REICHMAN D, TSUR G, et al., 2013. Fast-match: Fast affine template matching[C]// IEEE Conference on Computer Vision and Pattern Recognition (CVPR), Oregon, USA, 2331-2338.

KOVESI P, 1999. Image features from phase congruency[J]. Videre: Journal of Computer Vision Research, 1(3): 1-26.

KOVESI P, 2000. Phase congruency: A low-level image invariant[J]. Psychological Research, 64(2): 136-148.

KOVESI P, 2003. Phase congruency detects corners and edges[C]//The Australian Pattern Recognition Society Conference: 309-318.

JIAN B, VEMURI B C, 2011. Robust point set registration using gaussian mixture models[J]. IEEE Transactions on Pattern Analysis and Machine Intelligence, 33(8): 1633-1645.

LAKEMOND R, SRIDHARAN S, FOOKES C, 2012. Hessian-based affine adaptation of salient local image features[J]. Journal of Mathematical Imaging and Vision, 44(2): 150-167.

LALIBERTE A S, HERRICK J E, RANGO A, et al., 2010. Acquisition, orthorectification, and object-based classification of unmanned aerial vehicle(UAV) imagery for rangeland monitoring[J]. Photogrammetric Engineering and Remote Sensing, 76(6): 661-672.

LALIBERTE A S, WINTERS C, RANGO A, 2008. A procedure for orthorectification of sub-decimeter resolution imagery obtained with an unmanned aerial vehicle (UAV)[C]//Proc. ASPRS Annual Conf: 8-47.

LEE K M, MEER P, PARK R H, 1998. Robust adaptive segmentation of range images[J]. IEEE Transactions on Pattern Analysis and Machine Intelligence, 20(2): 200-205.

LEORDEANU M, HEBERT M, SUKTHANKAR R, 2009. An integer projected fixed point method for graph matching and map inference[C]// Advances in Neural Information Processing Systems (NIPS). Vancouver, Canada: 1114-1122.

LEPETIT V, MORENO-NOGUER F, FUA P, 2009. Epnp: An accurate O(n) solution to the PnP problem[J]. International Journal of Computer Vision, 81(2): 155.

LEWIS J P, 1995. Fast normalized cross-correlation[C]// Vision Interface, 10(1): 120-123.

LI J, HU Q, AI M, 2016a. Robust feature matching for remote sensing image registration based on l_q estimator[J]. IEEE Geoscience and Remote Sensing Letters, 13(12): 1989-1993.

LI J, ZHONG R, HU Q, et al., 2016b. Feature-based laser scan matching and its application for indoor mapping[J]. Sensors, 16(8): 1265.

LI J, HU Q, AI M, 2017a. Robust feature matching for geospatial images via an affine‐invariant coordinate system[J]. The Photogrammetric Record, 32(159): 317-331.

LI J, HU Q, AI M, et al., 2017b. Robust feature matching via support-line voting and affine-invariant ratios[J]. ISPRS Journal of Photogrammetry and Remote Sensing, 132: 61-76.

LI J, HU Q, ZHONG R, et al., 2017c. Exterior orientation revisited: A robust method based on l_q-norm[J]. Photogrammetric Engineering & Remote Sensing, 83(1): 47-56.

LI K, YAO J, LU M, et al., 2016. Line segment matching: A benchmark[C]// IEEE Winter Conference on Applications of Computer Vision (WACV). New York, USA: 1-9.

LI S, XU C, XIE M, 2012. A robust O(n) solution to the perspective-n-point problem[J]. IEEE Transactions on Pattern Analysis and Machine Intelligence, 34(7): 1444-1450.

LI X, HU Z, 2010. Rejecting mismatches by correspondence function[J]. International Journal of Computer Vision, 89(1): 1-17.

LIAN W, ZHANG L, ZHANG D, 2012. Rotation-invariant nonrigid point set matching in cluttered scenes[J]. IEEE Transactions on Image Processing, 21(5): 2786-2797.

LIAN W, ZHANG L, YANG M H, 2017. An efficient globally optimal algorithm for asymmetric point matching[J]. IEEE Transactions on Pattern Analysis and Machine Intelligence, 39(7): 1281-1293.

LIANG J, LIU X, HUANG K, et al., 2014. Automatic registration of multisensor images using an integrated spatial and mutual information (SMI) metric[J]. IEEE Transactions on Geoscience and Remote Sensing, 52(1): 603-615.

LINDEBERG T, 1994. Scale-space theory: A basic tool for analyzing structures at different scales[J].

参 考 文 献

Journal of Applied Statistics, 21(1-2): 225-270.

LINDEBERG T, 1998. Feature detection with automatic scale selection[J]. International Journal of Computer Vision, 30(2): 79-116.

LINDEBERG T, 2013. Scale selection properties of generalized scale-space interest point detectors[J]. Journal of Mathematical Imaging and Vision, 46(2): 177-210.

LINDEBERG T, GÅRDING J, 1997. Shape-adapted smoothing in estimation of 3-D shape cues from affine deformations of local 2-D brightness structure[J]. Image and Vision Computing, 15(6): 415-434.

LOECKX D, SLAGMOLEN P, MAES F, et al., 2010. Nonrigid image registration using conditional mutual information[J]. IEEE Transactions on Medical Imaging, 29(1): 19-29.

LOURENÇO M, BARRETO J P, VASCONCELOS F, 2012. sRD-SIFT: Keypoint detection and matching in images with radial distortion[J]. IEEE Transactions on Robotics, 28(3): 752-760.

LOWE D G, 2004. Distinctive image features from scale-invariant keypoints[J]. International Journal of Computer Vision, 60(2): 91-110.

LOURAKIS M I A, HALKIDIS S T, ORPHANOUDAKIS S C, 2000. Matching disparate views of planar surfaces using projective invariants[J]. Image and Vision Computing, 18(9): 673-683.

LU C P, HAGER G D, MJOLSNESS E, 2000. Fast and globally convergent pose estimation from video images[J]. IEEE Transactions on Pattern Analysis and Machine Intelligence, 22(6): 610-622.

MA J, ZHAO J, TIAN J, et al., 2014. Robust point matching via vector field consensus[J]. IEEE Transactions on Image Processing, 23(4): 1706-1721.

MA J, ZHOU H, ZHAO J, et al., 2015a. Robust feature matching for remote sensing image registration via locally linear transforming[J]. IEEE Transactions on Geoscience and Remote Sensing, 53(12): 6469-6481.

MA J, QIU W, ZHAO J, et al., 2015b. Robust L2E Estimation of Transformation for Non-Rigid Registration[J]. IEEE Trans. Signal Processing, 63(5): 1115-1129.

MAHMOOD A, KHAN S, 2012. Correlation-coefficient-based fast template matching through partial elimination[J]. IEEE Transactions on Image Processing, 21(4): 2099-2108.

MAINI R, AGGARWAL H, 2009. Study and comparison of various image edge detection techniques[J]. International Journal of Image Processing, 3(1): 1-11.

MARJANOVIC G, SOLO V, 2012. On l_q optimization and matrix completion[J]. IEEE Transactions on Signal Processing, 60(11): 5714-5724.

MARJANOVIC G, SOLO V, 2014. l_q sparsity penalized linear regression with cyclic descent[J]. IEEE Transactions on Signal Processing, 62(6): 1464-1475.

MARR D, HILDRETH E, 1980. Theory of edge detection[J]. Proceedings of the Royal Society of

London B, 207(1167): 187-217.

MATAS J, CHUM O, 2004a. Randomized RANSAC with T_d, d test[J]. Image and Vision Computing, 22(10): 837-842.

MATAS J, CHUM O, URBAN M, et al., 2004b. Robust wide-baseline stereo from maximally stable extremal regions[J]. Image and Vision Computing, 22(10): 761-767.

MIKOLAJCZYK K, SCHMID C, 2004. Scale & affine invariant interest point detectors[J]. International Journal of Computer Vision, 60(1): 63-86.

MIKOLAJCZYK K, SCHMID C, 2005a. A performance evaluation of local descriptors[J]. IEEE Transactions on Pattern Analysis and Machine Intelligence, 27(10): 1615-1630.

MIKOLAJCZYK K, TUYTELAARS T, SCHMID C, et al., 2005b. A comparison of affine region detectors[J]. International Journal of Computer Vision, 65(1-2): 43-72.

MORAVEC H P, 1977. Towards automatic visual obstacle avoidance[C]// Proceedings of International Joint Conference on Artificial Intelligence (IJCAI), Massachusetts, USA: 584-591.

MOREL J M, YU G, 2009. ASIFT: A new framework for fully affine invariant image comparison[J]. SIAM Journal on Imaging Sciences, 2(2): 438-469.

MORRONE M C, Owens R A, 1987. Feature detection from local energy[J]. Pattern Recognition Letters, 6(5): 303-313.

MORRONE M C, BURR D C, 1988. Feature detection in human vision: A phase-dependent energy model[J]. Proceedings of the Royal Society of London B, 235(1280): 221-245.

MORRONE M C, ROSS J, BURR D C, et al., 1986. Mach bands are phase dependent[J]. Nature, 324(6094): 250-253.

MUJA M, LOWE D G, 2014. Scalable nearest neighbor algorithms for high dimensional data[J]. IEEE Transactions on Pattern Analysis and Machine Intelligence, 36(11): 2227-2240.

MYRONENKO A, SONG X, 2010. Point set registration: Coherent point drift[J]. IEEE transactions on pattern analysis and machine intelligence, 32(12): 2262-2275.

OLIVEIRA F P M, TAVARES J M R S. 2014. Medical image registration: A review[J]. Computer Methods in Biomechanics and Biomedical Engineering, 17(2): 73-93.

OPPENHEIM A V, LIM J S, 1981. The importance of phase in signals[J]. Proceedings of the IEEE, 69(5): 529-541.

PRATT W K, 1974. Correlation techniques of image registration[J]. IEEE Transactions on Aerospace and Electronic Systems(3): 353-358.

PRATT W K, 1991. Digital image processing, 2nd ed. New York: Wiley.

RAGURAM R, FRAHM J M, 2011. Recon: Scale-adaptive robust estimation via residual consensus// IEEE International Conference on Computer Vision (ICCV), Barcelona, Spain: 1299-1306.

RAGURAM R, CHUM O, POLLEFEYS M, et al., 2013. USAC: A universal framework for random sample consensus[J]. IEEE Transactions on Pattern Analysis and Machine Intelligence, 35(8): 2022-2038.

REDDY B S, CHATTERJI B N, 1996. An FFT-based technique for translation, rotation, and scale-invariant image registration[J]. IEEE Transactions on Image Processing, 5(8): 1266-1271.

RITTER N, OWENS R, COOPER J, et al., 1999. Registration of stereo and temporal images of the retina[J]. IEEE Transactions on Medical Imaging, 18(5): 404-418.

RIVAZ H, KARIMAGHALOO Z, FONOV V S, et al., 2014a. Nonrigid registration of ultrasound and MRI using contextual conditioned mutual information[J]. IEEE Transactions on Medical Imaging, 33(3): 708-725.

RIVAZ H, KARIMAGHALOO Z, COLLINS D L, 2014b. Self-similarity weighted mutual information: a new nonrigid image registration metric[J]. Medical Image Analysis, 18(2): 343-358.

ROSTEN E, DRUMMOND T, 2006. Machine learning for high-speed corner detection[C]// European Conference on Computer Vision (ECCV). Graz, Austria: 430-443.

ROSTEN E, PORTER R, DRUMMOND T, 2010. Faster and better: A machine learning approach to corner detection[J]. IEEE Transactions on Pattern Analysis and Machine Intelligence, 32(1): 105-119.

ROUSSEEUW P J, LEROY A M, 2005. Robust regression and outlier detection[M]. New York: John Wiley & Sons.

RUBLEE E, RABAUD V, KONOLIGE K, et al., 2011. ORB: An efficient alternative to SIFT or SURF[C]// IEEE International Conference on Computer Vision (ICCV), Barcelona, Spain, 2564-2571.

SCHAEFER S, MCPHAIL T, WARREN J, 2006. Image deformation using moving least squares[J]. ACM Transactions on Graphics, 25(3): 533-540.

SCHMID C, ZISSERMAN A, 2000. The geometry and matching of lines and curves over multiple views[J]. International Journal of Computer Vision, 40(3): 199-233.

SCHWEIGHOFER G, PINZ A, 2008. Globally optimal O(n) solution to the PnP problem for general camera models[C]//BMVC: 1-10.

SEDAGHAT A, EBADI H, 2015. Remote sensing image matching based on adaptive binning SIFT descriptor[J]. IEEE Transactions on Geoscience and Remote Sensing, 53(10): 5283-5293.

SEDAGHAT A, MOKHTARZADE M, EBADI H, 2011. Uniform robust scale-invariant feature matching for optical remote sensing images[J]. IEEE Transactions on Geoscience and Remote Sensing, 49(11): 4516-4527.

SIMO-SERRA E, TRULLS E, FERRAZ L, et al., 2015. Discriminative learning of deep convolutional feature point descriptors[C]// IEEE International Conference on Computer Vision (ICCV), Santiago, Chile, 118-126.

SIMONYAN K, VEDALDI A, ZISSERMAN A, 2014. Learning local feature descriptors using convex optimisation[J]. IEEE Transactions on Pattern Analysis and Machine Intelligence, 36(8): 1573-1585.

SIMPER A, 1996. Correcting general band-to-band misregistrations[C]// IEEE International Conference on Image Processing (ICIP), Lausanne, Switzerland, 2: 597-600.

ŚLUZEK A. 2016. Improving performances of MSER features in matching and retrieval tasks[C]// European Conference on Computer Vision (ECCV), Amsterdam, Netherlands, 759-770.

SNAVELY N, SEITZ S M, SZELISKI R, 2007. Modeling the world from internet photo collections[J]. International Journal of Computer Vision, 80(2): 22.

STEWART C V, TSAI C L, ROYSAM B, 2003. The dual-bootstrap iterative closest point algorithm with application to retinal image registration[J]. IEEE Transactions on Medical Imaging, 22(11): 1379-1394.

STUDHOLME C, HILL D L G, HAWKES D J, 1999. An overlap invariant entropy measure of 3D medical image alignment[J]. Pattern Recognition, 32(1): 71-86.

STUDHOLME C, DRAPACA C, IORDANOVA B, et al., 2006. Deformation-based mapping of volume change from serial brain MRI in the presence of local tissue contrast change[J]. IEEE Transactions on Medical Imaging, 25(5): 626-639.

SUI H, XU C, LIU J, et al., 2015. Automatic optical-to-SAR image registration by iterative line extraction and Voronoi integrated spectral point matching[J]. IEEE Transactions on Geoscience and Remote Sensing, 53(11): 6058-6072.

SZELISKI R, 2010. Computer vision: Algorithms and applications[M]. Berlin: Springer Science & Business Media.

THÉVENAZ P, UNSER M, 1996. A pyramid approach to sub-pixel image fusion based on mutual information[C]// IEEE International Conference on Image Processing (ICIP), Lausanne, Switzerland, 1: 265-268.

THÉVENAZ P, UNSER M, 1998. An efficient mutual information optimizer for multiresolution image registration[C]// IEEE International Conference on Image Processing (ICIP), Chicago, IL, USA, 1: 833-837.

TONG X, YE Z, XU Y, et al., 2015. A novel subpixel phase correlation method using singular value decomposition and unified random sample consensus[J]. IEEE Transactions on Geoscience and Remote Sensing, 53(8): 4143-4156.

TORR P H S, ZISSERMAN A, 2000. MLESAC: A new robust estimator with application to estimating image geometry[J]. Computer Vision and Image Understanding, 78(1): 138-156.

TORRESANI L, KOLMOGOROV V, ROTHER C, 2008. Feature correspondence via graph matching: Models and global optimization[C]// European Conference on Computer Vision (ECCV). Marseille, France: 596-609.

TUYTELAARS T, GOOL L V, 2004. Matching widely separated views based on affine invariant regions[J]. International Journal of Computer Vision, 59(1): 61-85.

TZIMIROPOULOS G, ARGYRIOU V, ZAFEIRIOU S, et al., 2010. Robust FFT-based scale-invariant image registration with image gradients[J]. IEEE transactions on Pattern Analysis and Machine Intelligence, 32(10): 1899-1906.

VENKATESH S, OWENS R, 1989. An energy feature detection scheme[C]// IEEE International Conference on Image Processing (ICIP), Singapore: 1-4.

VIOLA P, WELLS III W M, 1997. Alignment by maximization of mutual information[J]. International Journal of Computer Vision, 24(2): 137-154.

VIVONE G, ALPARONE L, CHANUSSOT J, et al., 2015. A critical comparison among pansharpening algorithms[J]. IEEE Transactions on Geoscience and Remote Sensing, 53(5): 2565-2586.

WANG K, XIAO P, FENG X, et al., 2011. Image feature detection from phase congruency based on two-dimensional Hilbert transform[J]. Pattern Recognition Letters, 32(15): 2015-2024.

WANG L, NEUMANN U, YOU S, 2009a. Wide-baseline image matching using line signatures[C]// IEEE International Conference on Computer Vision (ICCV), Kyoto, Japan: 1311-1318.

WANG Z F, ZHENG Z G, 2008. A region based stereo matching algorithm using cooperative optimization[C]// IEEE Conference on Computer Vision and Pattern Recognition (CVPR), Alaska, USA: 1-8.

WANG Z H, WU F C, HU Z Y, 2009b. MSLD: A robust descriptor for line matching[J]. Pattern Recognition, 42(5): 941-953.

WOLBERG G, ZOKAI S, 2000a. Image registration for perspective deformation recovery[C]// Automatic Target Recognition X. International Society for Optics and Photonics, 4050: 259-271.

WOLBERG G, ZOKAI S, 2000b. Robust image registration using log-polar transform[C]// IEEE International Conference on Image Processing (ICIP), British Columbia, Canada, 1: 493-496.

WONG A, ORCHARD J, 2008. Efficient FFT-accelerated approach to invariant optical-LIDAR registration[J]. IEEE Transactions on Geoscience and Remote Sensing, 46(11): 3917-3925.

YE Y, SHEN L, 2016. HOPC: A novel similarity metric based on geometric structural properties for multi-modal remote sensing image matching[J]. ISPRS Annals of the Photogrammetry, Remote Sensing and Spatial Information Sciences, 3(1): 9-16.

YE Y, SHAN J, BRUZZONE L, et al., 2017. Robust registration of multimodal remote sensing images based on structural similarity[J]. IEEE Transactions on Geoscience and Remote Sensing, 55(5): 2941-2958.

ZARAGOZA J, CHIN T J, BROWN M S, et al., 2013. As-projective-as-possible image stitching with moving DLT[C]// IEEE Conference on Computer Vision and Pattern Recognition (CVPR), Oregon, USA: 2339-2346.

ZENG A, SONG S, NIEßNER M, et al., 2017. 3dmatch: Learning local geometric descriptors from rgb-d reconstructions[C]// IEEE Conference on Computer Vision and Pattern Recognition (CVPR), Hawaii, USA: 199-208.

ZHANG H, NI W, YAN W, et al., 2015. Robust SAR image registration based on edge matching and refined coherent point drift[J]. IEEE Geoscience and Remote Sensing Letters, 12(10): 2115-2119.

ZHANG Y, XIONG J, HAO L, 2011. Photogrammetric processing of low-altitude images acquired by unpiloted aerial vehicles[J]. The Photogrammetric Record, 26(134): 190-211.

ZHENG Y, KUANG Y, SUGIMOTO S, et al., 2013. Revisiting the PnP problem: A fast, general and optimal solution[C]//Proceedings of the IEEE International Conference on Computer Vision: 2344-2351.

ZHENG Y, SUGIMOTO S, OKUTOMI M, 2013. Aspnp: An accurate and scalable solution to the perspective-n-point problem[J]. IEICE Transactions on Information and Systems, 96(7): 1525-1535.

ZHUANG X, ARRIDGE S, HAWKES D J, et al., 2011. A nonrigid registration framework using spatially encoded mutual information and free-form deformations[J]. IEEE Transactions on Medical Imaging, 30(10): 1819-1828.

ZITOVA B, FLUSSER J, 2003. Image registration methods: A survey[J]. Image and Vision Computing, 21(11): 977-1000.